静乐县

耕地地力评价与利用

李耿天　主编

中国农业出版社

内容简介

本书全面系统地介绍了山西省静乐县耕地地力评价与利用的方法及内容,首次对静乐县耕地资源历史、现状及问题进行了分析、探讨,并引用大量调查分析数据对静乐县耕地地力、中低产田地力做了深入细致的分析。揭示了静乐县耕地资源的本质及目前存在的问题,提出了耕地资源合理改良利用意见。为各级农业科技工作者、各级农业决策者制订农业发展规划,调整农业产业结构,加快绿色、无公害、有机农产品基地建设步伐,保证粮食生产安全,科学施肥,退耕还林还草,为节水农业、生态农业及农业现代化、信息化建设提供了科学依据。

本书共七章。第一章:自然与农业生产概况;第二章:耕地地力调查与质量评价的内容和方法;第三章:耕地土壤属性;第四章:耕地地力评价;第五章:中低产田类型、分布及改良利用;第六章:耕地地力评价与测土配方施肥;第七章:耕地地力调查与质量评价的应用研究。

本书适宜农业、土肥科技工作者及从事农业技术推广与农业生产管理的人员阅读。

编写人员名单

主　　编：李耿天

副 主 编：李念生　樊金海

编写人员（按姓名笔画排序）：

王旭东　王红艳　白　彬　巩亮军

吕贵拴　吕晓红　吕锦刚　任利生

刘富荣　闫维平　李念生　李春仙

李贵忠　李耿天　李晋涛　李慧芳

杨　宁　张少斌　张景瑞　高建强

韩利军　樊金海

序

农业是国民经济的基础，农业发展是国计民生的大事。为适应我国农业发展的需要，确保粮食安全和增强我国农产品竞争的能力，促进农业结构战略性调整和优质、高产、高效、生态农业的发展。针对当前我国耕地土壤存在的突出问题，2009年在农业部精心组织和部署下，静乐县成为测土配方施肥补贴项目县。根据《全国测土配方施肥技术规范》积极开展了测土配方施肥工作，同时认真实施了耕地地力调查与评价。在山西省土壤肥料工作站、山西农业大学资源环境学院、忻州市土壤肥料工作站、静乐县农业委员会、静乐县土壤肥料工作站广大科技人员的共同努力下，2012年完成了静乐县耕地地力调查与评价工作。通过耕地地力调查与评价工作的开展，摸清了静乐县耕地地力状况；查清了影响当地农业生产持续发展的主要制约因素；建立了静乐县耕地地力评价体系；提出了静乐县耕地资源合理配置及耕地适宜种植、科学施肥及土壤退化修复的意见和方法；初步构建了静乐县耕地资源信息管理系统。这些成果为全面提高静乐县农业生产水平，实现耕地质量计算机动态监控管理，适时提供辖区内各个耕地基础管理单元土、水、肥、气、热状况及调节措施提供了数据平台和管理依据。同时，也为各级农业决策者制订农业发展规划，调整农业产业结构，加快无公害、绿色、有机食品基地建设步伐，保证粮食生产安全以及促进农业现代化建设提供了第一手资料和最直接的科学依据。也为今后大面积开展耕地地力调查与评价工作，实施耕地综合生产能力建设，发展旱作节水农业，测土配方施肥及其他农业新技术普及工作提供了技术支撑。

　　本书系统地介绍了静乐县耕地资源评价的方法与内容，应用大量的调查分析资料，分析研究了静乐县耕地资源的利用现状及问题，提出了合理利用的对策和建议。该书集理论指导性和实际应用性为一体，是一本值得推荐的实用技术类读物。我相信，该书的出版将对静乐县耕地的培肥和保养、耕地资源的合理配置、农业结构调整及提高农业综合生产能力起到积极的促进作用。

2013 年 5 月

前言

　　耕地是人类获取粮食及其他农产品最重要的、不可替代的、不可再生的资源，是人类赖以生存和发展的最基本的物质基础，是农业发展必不可少的根本保障。新中国成立以后，山西省静乐县先后开展了两次土壤普查。两次土壤普查工作的开展，为静乐县国土资源的综合利用、施肥制度改革、粮食生产安全做出了重大贡献。近年来，随着农村经济体制的改革以及人口、资源、环境与经济发展矛盾的日益突出，农业种植结构、耕作制度、作物品种、产量水平、肥料和农药使用等方面均发生了巨大变化，产生了诸多如耕地数量锐减、土壤退化污染、水地流失等问题。针对这些问题，开展耕地地力评价工作是非常及时、必要和有意义的。特别是对耕地资源合理配置、农业结构调整、保证粮食生产安全、实现农业可持续发展有着非常重要的意义。

　　静乐县耕地地力评价工作，于2009年1月底开始至2012年12月结束，完成了静乐县14个乡（镇）、381个行政村的75.1万亩耕地的调查与评价任务。3年共采集大田土样3 900个，并调查访问了300个农户的农业生产、土壤生产性能、农田施肥水平等情况。认真填写了采样地块登记表和农户调查表，完成了3 900个样品常规化验、1 480个样品中微量元素分析化验、数据分析和收集数据的计算机录入工作。基本查清了静乐县耕地地力、土壤养分、土壤障碍因素状况，划定了静乐县农产品种植区域。建立了较为完善的、可操作性强的、科技含量高的静乐县耕地地力评价体系，并充分应用GIS、GPS技术初步构筑了静乐县耕地资源信息管理系统。提出了静乐县耕地保护、地力培肥、耕地适宜种植、科学施肥及土壤退化修复办法等。形成了具有生产指导意义的数字化成果图。收集资料之广泛、调查数据之系统、成果内容之全面是前所未有的。这些成果为全面提高农业工作的管理水平，实现耕地质量计算机动态监控管理，适时提供辖区内各个耕地基础管理单元土、水、肥、气、热状况及调节措施提供了数据平台和管理依据。同时，也为各级农业决策者制订农业发展规划，调整农业产业结构，加快无公害、绿色、有机食品基地建设步伐，保证粮食生产安全，进行耕地资源合理改良利用、科学施肥以及退耕还林还草、节水农业、生态农业、农业现代化建设提供了第一手资料和最直接的科学依据。

为了将调查与评价成果尽快应用于农业生产，在全面总结静乐县耕地地力评价成果的基础上，引用了大量成果应用实例和第二次土壤普查、土地详查有关资料，编写了《静乐县耕地地力评价与利用》一书。首次比较全面系统地阐述了静乐县耕地资源类型、分布、地理与质量基础、利用状况、改良措施等，并将近年来农业推广工作中的大量成果资料收录其中，从而增加了该书的可读性和可操作性。

在本书编写过程中，承蒙山西省土壤肥料工作站、山西农业大学资源环境学院、忻州市土壤肥料工作站、静乐县农业委员会、静乐县土壤肥料工作站广大技术人员的热忱帮助和支持，特别是静乐县农业委员会、静乐县土壤肥料工作站的工作人员在土样采集、农户调查、土样分析化验、数据库建设等方面做了大量的工作。李耿天主任安排部署了本书的编写，由静乐县农业委员会土壤肥料工作站站长樊金海同志、忻州市土壤肥料工作站副站长王应同志指导并执笔下完成编写工作。参与野外调查和数据处理的工作人员有樊金海、李润生、巩亮军、李耀清、刘富荣、高建强等同志。土样分析化验工作由静乐县土壤肥料工作站化验室完成。图形矢量化、土壤养分图、耕地地力等级图、中低产田分布图、数据库和地力评价工作由山西农业大学资源环境学院和山西省土壤肥料工作站完成。野外调查、室内数据汇总、图文资料收集和文字编写工作由静乐县农业委员会、土壤肥料工作站完成，在此一并致谢。

编　者

2013 年 5 月

目录

序
前言

第一章 自然与农业生产概况

第一节 自然与农村经济概况

一、地理位置与行政区划

静乐县地处晋西北黄土高原丘陵沟壑区。县境北靠管涔山与宁武、岢岚毗连，南沿汾河与娄烦、古交相接，东依云中山与忻州、阳曲接壤，西以吕梁山余脉与岚县紧邻，位于北纬38°09′～38°41′、东经111°39′～112°02′。县城距离忻州89千米，康西公路的开通，已使静乐县区位优势凸显，静乐到省城公路里程由原来的163千米缩短为91千米。境内主要干线公路有忻黑线、宁白线、忻五线、康西线。平均每百平方千米有公路30.6千米。

静乐县南北长约50千米，东西宽约45千米，总面积2 058平方千米（308.7万亩*）。其中土石山区总面积152.2万亩，占总面积的49%；丘陵区113.2万亩，占总面积的37%；河川区43.3万亩，占总面积的14%。地势北高南低，山脉呈东西走向，属山地形地貌，有土石山区、黄土丘陵区和河川区3种类型。境内海拔1 140～2 420米，属北温带大陆性气候，寒凉干燥、冬长夏短、四季分明，常年多刮偏北风。年平均气温3.5～6.8℃，年平均降水量420～704毫米，无霜期100～147天，全年平均日照时数2 800小时。

静乐县辖4镇、10乡、381个行政村，2011年末，全县总人口157 473人，农业人口141 673人，各乡（镇）总农户38 954户，农村劳动力58 233人，详细情况见表1-1。

表1-1 静乐县行政区划与人口情况

乡（镇）	农业人口 （人）	村民委员会数 （个）	乡（镇）总农户 （户）	农村劳动力数 （人）
鹅城镇	16 608	38	4 403	6 270
杜家村镇	13 595	32	3 695	6 723
康家会镇	8 380	27	2 170	3 393
丰润镇	9 086	26	2 586	3 390
堂尔上乡	4 125	20	1 198	1 643
中庄乡	7 120	20	1 891	2 819
双路乡	12 897	27	3 582	5 380
段家寨乡	11 008	18	3 153	4 396

---

* "亩"为非法定计量单位，1亩＝1/15公顷。

（续）

乡（镇）	农业人口 （人）	村民委员会数 （个）	乡（镇）总农户 （户）	农村劳动力数 （人）
辛村乡	7 520	21	2 200	2 782
王村乡	12 420	35	3 610	5 368
神峪沟乡	10 753	33	3 061	5 037
娘子神乡	9 750	25	2 565	3 650
婆婆乡	8 246	28	2 170	3 155
赤泥洼乡	10 165	31	2 670	4 227
总计	141 673	381	38 954	58 233

二、土地资源概况

据统计资料显示，静乐县总土地面积为 308 万亩，全县总耕地面积 75.1 万亩，人均耕地 5.3 亩。其中，水浇地 6 350 亩，占耕地总面积的 0.86%；旱地 74.46 万亩，占耕地总面积的 99.1%；林地 83.8 万亩；草地约 121.4 万亩；园地 650 亩，其余为辅助用地。

静乐县土壤共分褐土、棕壤、粗骨土和潮土四大土类，9 个亚类，18 个土属，35 个土种。四大土类中以褐土为主，面积占 87.7%；其次为潮土，面积占 8.4%。在各类土壤中，宜农土壤比重大，适种性广，有利于农、林、牧业全面发展。

静乐县地带性土壤以褐土为主，属山西省褐土边缘地带。由于全县地形较为复杂，海拔高差大，生物气候区各有差异，土壤的形成受垂直性、地带性、地域性的生物气候和地理的作用。所以形成了静乐县复杂多样的土壤类型，其土壤的分布规律比较复杂，从大的类型来看分为山地土壤、地带性土壤和隐域性土壤。

（一）山地土壤

是山地分布的土壤类型，一般与生物气候是相一致的。由于海拔高度的不同，所以在不同的地形、气候及植被的影响下，产生了不同的土壤类型。低温多雨、乔木茂密、草灌旺盛，枯枝落叶及其他植物残体大量累积，土壤经常保持湿润，使土体受到充分的淋溶而呈微酸性反应，是该土形成的主要原因。在针阔叶混交林植被上分布着典型的棕壤亚类；棕壤以下乔木稀疏、森林植被被破坏，目前以草本和灌木植被占据优势而分布着棕壤性土亚类。在棕壤和棕壤性土呈复域分布的山坡上，坡陡、土薄，大部分岩石裸露，森林已被破坏，植被以草本灌木为主，覆盖度不好，棕壤特性发育不明显，形成棕壤性土亚类。

在棕壤下限海拔 1 600～2 000 米，气温稍高，雨量略减，乔木植被明显减少，草灌较多，地表仍保持较厚的枯枝落叶层，因土体淋溶作用明显而形成了淋溶褐土。1 300～1 600米的低山区，雨量明显减弱，碳酸钙及黏粒缓慢移动，形成了山地褐土亚类。

（二）地带性土壤

静乐县处于山西省西北部，年均降水量为 450 毫米，年均气温在 6℃ 左右。降水和温度低于南部而高于北部，土壤发育受季节性的淋溶作用，属暖温带北部边缘，具有半干旱大陆季风性草原—林灌生物气候特征。由于生物气候特征的过渡性，所以也带来了相应的地带性土壤的过渡性。但鉴于全县土壤属褐土带北缘，土壤发育过程较弱，淋溶淀积不充分，有弱黏化钙积现象。全部剖面有石灰反应，质地以轻壤为主，是介于南部的碳酸盐褐土，向北部的栗钙土和西部的灰褐土过渡的一种土壤类型，为淡褐土。

山前倾斜平原、洪积扇、缓坡地带及丘陵上部，因为地形倾斜、降水量少，土体长期处于干旱状态。淋溶作用微弱、水土流失严重、没有明显发育层次、褐土化过程不明显、黏化现象不显著，故形成褐土性土。沿河流两岸及二级阶地上，土壤由于旱年的河流冲积而呈现褐土带气候特点，但发育层次较弱，形成淡褐土。

（三）隐域性土壤

因受水文地质的作用形成了半水成型土壤。

在汾河及其他河流的河谷平川的河漫滩一级阶地上，海拔1 100～1 300米。由于地下水位高，土壤发育受地下水作用而发生草甸化形成了潮土。由于地下水位随季节性降水影响而上升或下降，底土层长期处于氧化还原状态，产生锈纹锈斑，形成了潮土。在河漫滩的低洼地带，由于地下水位流动不畅，矿化度高，盐分随水蒸发，在土体中不断积累而发生土壤盐渍化，形成了盐化潮土。

三、自然气候与水文地质

（一）气候概况

静乐县属温带半干旱大陆性季风气候。其特点是冬长夏短，四季分明，春季多风干旱，光照充足，气温回升快；夏季炎热而水量偏多且集中，部分地区常出现暴雨、冰雹等自然灾害性的天气，全年70%的雨量集中在7～9月。秋季短暂，前期常阴雨连绵、后期天气晴朗，秋高气爽；冬季寒冷少雪，多西北风，气候干燥。

1. 气温　静乐县属暖温带大陆性季风气候，四季分明，冬季寒冷干燥，夏季炎热多雨。据2008年气象资料，年平均气温7.6℃，7月最热，平均气温达21.6℃，极端最高气温达32.3℃；1月最冷，平均气温−9.4℃，极端最低气温−26.4℃。县域热量资源丰富，大于0℃以上的积温2 940℃。年日照时数为2 400～2 600小时，无霜期为110～130天。

2. 降水量　静乐县历年平均降水量420～704毫米，从西南向东北随着海拔高度的增加而逐渐增大，一般山区大于平川，尤以7～8月为降水最高峰且多暴雨，全县历年平均蒸发量1 951.8毫米，最多年可达1 927.4毫米，最少年也有1 194.11毫米，远远大于降水量，因此干旱是静乐农业生产的主要灾害。

（二）水利水文特征

1. 地表水　从静乐县的整个地形和海拔来看，全县是一个由东北向西南倾斜的土石山区丘陵区，其降水的分布受地形的影响较大。山区多于平川，尤其是高山地区降水量最多，因降水日数不多，故地表径流不充分，年径流深度不大，地下水储量丰富，多分布在沿河两岸及小河谷中。据计算，仅距地表30米以内的储存量可达2亿立方米。但由于地质构造、地形复杂，水源和地面水流量分布很不平衡。

静乐县境内除汾河以外共有 7 条主要河流，均属树枝状水系，东碾河、西碾河、双路河、岔上河、万辉河、扶头会河、鸣河。它们几乎贯穿整个县境，除汾河、扶头会河以外，其他河流均发源于全县东西两山，均属常流河，在县境内汇入汾河。

2. 地下水 地下水的流向主要由东北向西南而流，受海拔高度的影响而埋深不一，由西南向东北逐渐加深，最浅处在丰润镇一带，仅 1 米左右；最深处（不包括山区）达几十米，由于埋深不一，故而对土壤的影响也各不相同。在汾河的河漫滩、一级阶地上，土壤受地下水的影响大，具备了草甸化过程，形成了草甸土。在埋深较浅的地段，矿化度大、排水不畅形成了各种盐化土壤。二级阶地水位向下移动，土壤呈干旱型，形成了淡褐土。海拔进一步升高，地下水埋深在几十米，土壤不受地下水影响，形成了褐土性土和山地褐土土壤。

（三）土壤母质

静乐县山地土壤的成土母质主要是石灰岩和花岗岩的残积—坡积物。丘陵土壤的成土母质主要是黄土质和黄土状堆积物。汾河冲积平川土壤的成土母质为冲积—淤积物。

1. 残积—坡积物 此种母质分布在海拔 1 500 米以上的山地，1 300 米以上也有分布，但面积不大。以石灰岩、花岗片麻岩为主，其他岩石很少，土壤质地多为轻壤—沙壤。再则由于这两种岩石岩性较硬，不易风化，抗蚀力强，矿物元素不易淋失，故而在这类母质上发育的土壤，一般肥力较好。

2. 黄土及黄土状母质 静乐县黄土丘陵及二级阶地均属此类母质，其特征为土层深，颜色浅黄或暗黄灰，质地细而均一，土质疏松多孔，通透性较好，富含碳酸钙，pH 为中性至微碱性。黄土状母质的特点基本与黄土母质一样，但不同点主要是质地较黏，多为轻壤—中壤，碳酸钙含量稍低，分布于河流两岸的二级阶地上，丘陵下部也有分布。静乐县红土主要分布在西南部乡（镇）的黄土丘陵中下部和沟壑两侧，上部均为马兰黄土和离石黄土所覆盖，结构紧、质地黏、颜色棕红。

3. 冲积—淤积物 沿河流两岸，由于河水的常年流动，挟带的大量泥沙，流速减慢，泥沙深积，故形成了冲积—淤积物质，广泛分布于段家寨乡、鹅关、神峪沟、丰润镇、娘子神乡等乡（镇、村）。其特点是：

（1）成层性：由于不同时期河流的流速不一样，搬运的颗粒大小也不相同，故而造成了在同一地段沉积物上下层、质地上的变化，而且有明显的层次变化。

（2）成带性：不同地段的河水流速不同，搬运能力也不同（随距离而变化），沉积物也产生了区域性，一般上游粗下游细，近河粗、距河远细，呈带状分布。

（3）矿物多：成分复杂。

四、农村经济概况

2011 年，静乐县生产总值达到 16.9 亿元，按可比价格计算，同比增长 20%。其中，第一产业增加值 17 867 万元，同比增长 15.1%；第二产业增加值 94 949 万元，同比增长 20.2%；第三产业增加值 56 502 万元，同比增长 21.3%。三次产业占生产总值的比重分别为 23.7∶3∶39.0，对经济增长的贡献率分别为 10.6％，56.1％，21.3％。在第三产业中，金融保险业增加值 1 418 万元，同比增长 7％；交通运输和仓储邮政业增加值为 7 835 万元，同比增长 3.9％；批发和零售业增加 10 122 万元，同比增长 7.1％。

三次产业比例为 10.6∶56.1∶33.4，三大产业不断拓展，工业贡献更加突出。农、林、牧、渔业生产平稳增长，工业经济再上新台阶，服务业增势良好。初步形成一稳、二强、三趋快的发展格局。

国民经济和社会发展中存在的主要问题是：制约全县可持续发展的结构性矛盾依然存在。主要表现为 3 个方面：一是加快发展的压力大，全县人均生产总值与全国水平相比还相差甚远。二是转变经济发展方式的压力大，由于全县经济增长主要依赖第二产业带动，工业增长幅度较小，拖累生产总值、农民人均纯收入等重要经济指标，由此反映出全县经济结构不够合理、抵御风险能力较差的问题。三是统筹发展的压力大，一方面，由于城市化程度较低，县城和乡（镇）基础功能薄弱，综合承载力、辐射带动力不强；另一方面，静乐县是传统的农业大县，一些农村社会事业发展滞后的状况仍未从根本上改观。

第二节　农业生产概况

一、农业发展历史

静乐县农业历史悠久，由于地广人稀，一直是粗放式耕作。新中国成立以来，农业生产有了较快发展，特别是中共十一届三中全会以后，农业生产发展迅猛。随着农业机械化水平不断提高，农田水利设施的建设，农业新技术的推广应用，农业生产进入了快车道。

1949 年，静乐县粮食总产仅为 17 390 吨，油料产量为 65 吨；2011 年粮食总产达到 38 366 吨、是 1949 年的 2.2 倍，油料总产 5 042 吨、是 1949 年的 77.57 倍（表 1-2）。

表 1-2　静乐县历年来主要农牧产品的总产量

年份	粮食（吨）	油料（吨）	糖料（吨）	水果（吨）	猪牛羊肉（吨）
1949	17 390	65	—	—	—
1960	18 330	225	—	—	—
1965	13 715	205	22	65	—
1970	26 240	860	92	50	—
1975	31 050	355	45	101	—
1980	24 065	530	26	70	916
1985	35 195	1 825	375	208	1 844
1990	38 198	2 118	103	187	2 356
1995	15 124	2 754	730	75	3 086
2000	38 909	4 502	—	119	5 560
2005	35 828	4 646	—	90	5 076
2010	38 366	5 042	—	338	—

二、农业发展现状与问题

静乐县光热资源丰富，但水资源利用率低，旱、冷、薄是农业发展的主要制约因素。全县耕地面积 75.1 万亩，水田水浇地面积 6 350 万亩，占总耕地面积的 0.8%。

2006 年，静乐县农业总产值为 16 717 万元，2008 年达到 22 111 万元。2010 年农、林、牧、渔总产值 31 865 万元，其中，农业 16 021 万元，占 50.2%；林业 5 861 万元，占 18.4%；牧业 9 183 万元，占 28.8%；渔业 50 万元，占 0.2%；农、林、牧、渔服务业 750 万元，占 2.4%。

静乐县 2010 年粮食作物播种面积 32.6 万亩，油料作物 7.1 万亩，蔬菜面积 0.88 万亩，瓜果类 0.13 万亩，豆类 3.7 万亩，中药材 0.17 万亩。

畜牧业是静乐县的一项优势产业，2010 年末，全县大牲畜中，牛 8 025 头，马 67 匹，驴 6 966 头，骡 4 058 头；猪 1.67 万头，羊 16.88 万只；鸡 13 万只，兔 12 万只。

静乐县农机化水平有较大发展，大大减轻了劳动强度，提高了劳动效率。全县农机总动力为 80 900 千瓦。拖拉机 13 216 台，其中大中型 3 532 台、小型 9 684 台。种植业机具门类齐全。机引犁 844 台，旋耕机 147 台，深松机 6 台，播种机 521 台，铺膜机 107 台，化肥深施机 200 台，全县共拥有各类农田基本建设机械 127 台。

从静乐县农业生产看，油料作物种植面积逐步扩大，主要原因是油料作物经济效益高。

第三节　耕地利用与保养管理

一、主要耕作制度及影响

静乐县的农田耕作制度是一年一作，前茬作物收获后，在伏天或冬前进行深耕，以便接纳雨雪、晒垡，深度一般可达 25 厘米以上，以利于打破犁底层、加厚活土层，同时还利于翻压杂草。

二、耕地利用现状，生产管理及效益

静乐县种植作物主要有马铃薯、玉米、豆类、油料、谷子等，兼种一些经济作物。耕作制度为一年一作。

据 2011 年统计部门资料，静乐县农作物总播种面积 40.3 万亩，粮食播种面积为 32.9 万亩，总产量为 38 366 吨。其中玉米 3.5 万亩，总产 5 036 吨，亩产 144 千克；豆类 9.4 万亩，总产 7 581 吨，亩产 81 千克；薯类 8 万亩，总产 13 710 吨，亩产 171 千克（折粮）。油料 7.4 万亩，总产 5 042 吨，亩产 68 千克。

效益分析：汾河川玉米平均亩产 450 千克，每千克售价 2.4 元，亩产值 1 080 元，亩投入 200 元，亩收益 880 元；马铃薯亩产 850 千克，每千克售价 1 元，亩产值 850 元，亩投入 300 元，纯收入 550 元。这里指的一般年份，如遇旱年，投入加大、收益降低。

三、施肥现状与耕地养分演变

静乐县大田施肥情况是呈农家肥施用量下降的趋势。过去农村耕地、运输主要以畜力为主，农家肥主要是大牲畜粪便。1949 年全县仅有大牲畜 1.18 万头，随着新中国成立后农业生产的恢复和发展，到 1954 年增加到 2.03 万头，1967 年发展到 2.38 万头。随着农业机械化水平的提高，大牲畜呈下降趋势，到 2011 年全县仅有大牲畜 1.91 万头。猪和鸡的数量虽然大量增加，但粪便主要施入菜田等效益较高的经济作物。化肥的使用量，从逐年增加到趋于合理。据统计资料，2004 年化肥施用量，全县为 14 482 吨，2010 年为20 118 吨。

2011 年，静乐县平衡施肥面积 20 万亩，化肥施用量（实物）为 19 238 吨。其中，氮肥 10 784 吨，磷肥 7 064 吨，钾肥 258 吨，复合肥为 1 132 吨。

随着农业生产的发展，秸秆还田、平衡施肥技术的推广，2011 年全县耕地耕层土壤养分测定结果比 1984 年第二次全国土壤普查时普遍提高。土壤有机质增加了 3.85 克/千克，全氮增加了 0.105 克/千克，有效磷增加了 3.26 毫克/千克，速效钾增加了 36.2 毫克/千克。随着测土配方施肥技术的全面推广应用，土壤肥力更会不断提高。

四、耕地利用与保养管理简要回顾

1985—1995 年，根据全国第二次土壤普查结果，静乐县划分了土壤利用改良区，根据不同土壤类型、不同土壤肥力和不同生产水平，提出了合理利用培肥措施，达到了培肥土壤的目的。

1995—2006 年，随着农业产业结构调整步伐加快，实施"沃土"计划，推广平衡施肥、玉米秸秆直接还田，特别是 2009 年，测土配方施肥项目的实施，使全县施肥更合理。加上退耕还林等生态措施的实施，农业大环境得到了有效改善。近年来，随着科学发展观的贯彻落实，环境保护力度不断加大，农田环境日益好转。同时政府加大对农业的投入。通过一系列有效措施，全县耕地生产正逐步向优质、高产、高效、安全迈进。

第二章 耕地地力调查与质量评价的内容和方法

根据《全国耕地地力调查与质量评价技术规程》(以下简称《规程》)和《全国测土配方施肥技术规范》(以下简称《规范》)的要求，通过肥料效应田间试验、样品采集与制备、田间基本情况调查、土壤与植株测试、肥料配方设计、配方肥料合理使用、效果反馈与评价、数据汇总、报告撰写等内容、方法与操作规程和耕地地力评价方法的工作过程，进行耕地地力调查和质量评价。这次调查和评价是基于 3 个方面进行的。一是通过耕地地力调查与评价，合理调整农业结构、满足市场对农产品多样化、优质化的要求以及经济发展的需要。二是针对耕地土壤的障碍因子，提出中低产田改造、防止土壤退化及修复已污染土壤的意见和措施，提高耕地综合生产能力。三是通过调查，建立全县耕地资源信息管理系统和测土配方施肥专家咨询系统，对耕地质量和测土配方施肥实行计算机网络管理，形成较为完善的测土配方施肥数据库，为农业增产、增效，农民增收提供科学决策依据，保证农业可持续发展。

第一节 工作准备

一、组织准备

由山西省农业厅牵头成立测土配方施肥和耕地地力评价与利用领导组、专家组、技术指导组，静乐县成立相应的领导组、办公室、技术服务组、野外调查队和室内资料数据汇总组。

二、物资准备

根据《规程》和《规范》的要求，进行了充分的物资准备，先后配备了 GPS 定位仪、不锈钢土钻、计算机、钢卷尺、100 立方厘米环刀、土袋、可封口塑料袋、水样固定剂、化验药品、化验室仪器以及调查表格等。并在原来土壤化验室基础上，进行必要的补充和维修，为全面调查和室内化验分析做好了充分的物资准备。

三、技术准备

领导组聘请山西省农业厅土壤肥料工作站、山西农业大学资源环境学院、忻州市农业局土壤肥料工作站及静乐县农业局土壤肥料工作站的有关专家，组成技术指导组，根据

《规程》和《山西省 2005 年区域性耕地地力调查与质量评价实施方案》及《规范》，制订了《静乐县测土配方施肥技术规范及耕地地力调查与质量评价技术规程》，编写了技术培训教材。在采样调查前对采样调查人员进行认真、系统的技术培训。

四、资料准备

根据《规程》和《规范》的要求，收集了静乐县行政规划图、地形图、第二次土壤普查成果图、基本农田保护区划图、土地利用现状图、农田水利分区图等图件。收集了第二次土壤普查成果资料，基本农田保护区地块基本情况、基本农田保护区划统计资料，果树、蔬菜品种和产量等有关资料，农田水利灌溉区域、面积及地块灌溉保证率，退耕还林规划，肥料、农药使用品种及数量、肥力动态监测等资料。

第二节　室内预研究

一、确定采样点位

（一）布点与采样原则

为了使土壤调查所获取的信息具有一定的典型性和代表性，提高工作效率，节省人力和资金。采样前参考县级土壤图，做好采样点规划设计，确定采样点位。实际采样时严禁随意变更采样点，若有变更须注明理由。在布点和采样时主要遵循了以下原则：一是布点具有广泛的代表性，同时兼顾均匀性，根据土壤类型、土地利用等因素，将采样区域划分为若干个采样单元，每个采样单元的土壤性状要尽可能均匀一致。二是尽可能在全国第二次土壤普查时的剖面或农化样取样点上布点。三是采集的样品具有典型性，能代表评价单元最明显、最稳定、最典型的特征，尽量避免各种非调查因素的影响。四是所调查农户随机抽取，按照事先所确定采样地点寻找符合基本采样条件的农户进行，采样在符合要求的同一农户的同一地块内进行。

（二）布点方法

大田土样布点方法　按照全国《规程》和《规范》，结合静乐县实际情况，将大田样点密度定为平原区、丘陵区平均每 200 亩一个点位，实际布设大田样点 3 900 个。一是依据山西省第二次土壤普查土种归属表，把那些图斑面积过小的土种，适当合并至母质类型相同、质地相近、土体构型相似的土种，修改编绘出新的土种图。二是将归并后的土种图与基本农田保护区划图和土地利用现状图叠加，形成评价单元。三是根据评价单元的个数及相应面积，在样点总数的控制范围内，初步确定不同评价单元的采样点数。四是在评价单元中，根据图斑大小、种植制度、作物种类、产量水平等因素的不同，确定布点数量和点位，并在图上予以标注。点位尽可能选在第二次土壤普查时的典型剖面取样点或农化样品取样点上。五是不同评价单元的取样数量和点位确定后，按照土种、作物品种、产量水平等因素，分别统计其相应的取样数量。当某一因素点位数过少或过多时，再根据实际情况进行适当调整。

二、确定采样方法

1. 采样时间 在大田作物收获后、秋播作物施肥前进行。按叠加图上确定的调查点位去野外采集样品。通过向农民实地了解当地的农业生产情况，确定最具代表性的同一农户的同一块田采样，田块面积均在 1 亩以上，并用 GPS 定位仪确定地理坐标和海拔高程，记录经纬度，精确到 0.1″，依此数据修正点位图上的点位位置。

2. 调查、取样 向已确定采样田块的户主，按农户地块调查表格的内容逐项进行调查并认真填写。调查严格遵循实事求是的原则，对那些提供信息不清楚的农户，通过访问地力水平相当、位置基本一致的其他农户或对实物进行核对推算。采样主要采用"S"法，均匀随机采取 15～20 个采样点样品，充分混合后，四分法留取 1 千克组成一个土壤样品，并装入已准备好的土袋中。

3. 采样工具 主要采用不锈钢土钻，采样过程中努力保持土钻垂直，使样点密度均匀，基本符合厚薄、宽窄、数量的均匀特征。

4. 采样深度 为 0～20 厘米耕作层土样。

5. 采样记录 填写两张标签，土袋内外各具 1 张，注明采样编号、采样地点、采样人、采样日期等。采样同时，填写大田采样点基本情况调查表和大田采样点农户调查表。

三、确定调查内容

根据《规范》要求，按照《测土配方施肥采样地块基本情况调查表》认真填写。这次调查的范围是基本农田保护区耕地和园地（包括蔬菜、果园和其他经济作物田）。调查内容主要有 3 个方面：一是与耕地地力评价相关的耕地自然环境条件、农田基础设施建设水平和土壤理化性状、耕地土壤障碍因素和土壤退化原因等。二是与农业结构调整密切相关的耕地土壤适宜性问题等。三是农户生产管理情况调查。

以上资料的获得，一是利用第二次土壤普查和土地利用详查等现有资料，通过收集整理而来。二是采用以点带面的调查方法，经过实地调查访问农户获得的。三是对所采集样品进行相关分析化验后取得。四是将所有资料，包括农户生产管理情况调查资料等分析数据录入到计算机中，并经过矢量化处理形成数字化图件、插值，使每个地块均具有各种资料信息。这些资料和信息，对分析耕地地力评价与耕地质量评价结果及影响因素具有重要意义。通过分析农户投入和生产管理对耕地地力土壤环境的影响，分析农民现阶段投入成本与耕地质量直接的关系，有利于提高成果的利用价值，引起各级领导的关注。通过对每个地块资源的充实完善，可以从微观角度，对土、肥、气、热、水资源运行情况有更周密的了解，提出管理措施和对策，指导农民进行资源合理利用和分配。通过对全部信息资料的了解和掌握，可以宏观调控资源配置，合理调整农业产业结构，科学指导农业生产。

四、确定分析项目和方法

根据《规程》及《山西省耕地地力调查及质量评价实施方案》和《规范》规定，土壤质量调查样品检测项目为：pH、有机质、全氮、有效磷、速效钾、缓效钾、有效硫、阳离子交换量、有效铜、有效锌、有效铁、有效锰、水溶性硼、有效钼14个项目。其分析方法均按全国统一规定的测定方法进行。

五、确定技术路线

静乐县耕地地力调查与质量评价所采用的技术路线见图2-1。

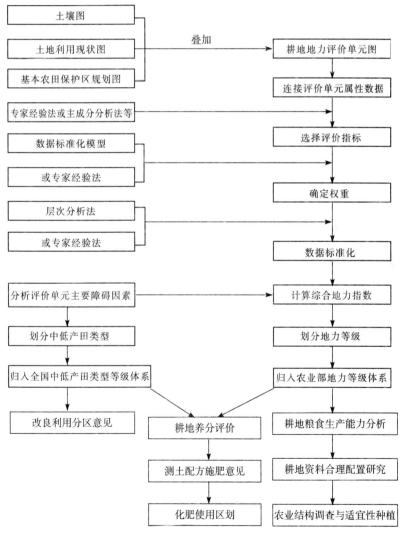

图2-1 耕地地力调查与质量评价技术路线流程

1. 确定评价单元 本次调查是基于 2009 年全国第二次土地调查成果进行的，评价单元采用土地利用现状图耕地图斑作为基本评价单元，并将土壤图（1：50 000）与土地利用现状图（1：10 000）配准后，用土地利用现状图层提取土壤图层的信息。利用基本农田保护区区划图、土壤图和土地利用现状图叠加的图斑为基本评价单元。相似相近的评价单元至少采集一个土壤样品进行分析，在评价单元图上连接评价单元属性数据库，用计算机绘制各评价因子图。

2. 确定评价因子 根据全国、省级耕地地力评价指标体系并通过农科教专家论证来选择静乐县县域耕地地力评价因子。

3. 确定评价因子权重 用模糊数学德尔菲法和层次分析法将评价因子标准数据化，并计算出每一评价因子的权重。

4. 数据标准化 选用隶属函数法和专家经验法等数据标准化方法，对评价指标进行数据标准化处理，对定性指标要进行数值化描述。

5. 综合地力指数计算 用各因子的地力指数累加得到每个评价单元的综合地力指数。

6. 划分地力等级 根据综合地力指数分布的累积频率曲线法或等距法，确定分级方案，并划分地力等级。

7. 归入全国耕地地力等级体系 依据《全国耕地类型区、耕地地力等级划分》（NY/T 309—1996），归纳整理各级耕地地力要素主要指标，结合专家经验，将各级耕地地力归入全国耕地地力等级体系。

8. 划分中低产田类型 依据《全国中低产田类型划分与改良技术规范》（NY/T 310—1996），分析评价单元耕地土壤主要障碍因素，划分并确定中低产田类型。

第三节　野外调查及质量控制

一、调查方法

野外调查的重点是对取样点的立地条件、土壤属性、农田基础设施条件、农户栽培管理成本、收益及污染等情况全面了解和掌握。

1. 室内确定采样位置 技术指导组根据要求，在 1：10 000 评价单元图上确定各类型采样点的采样位置，并在图上标注。

2. 培训野外调查人员 抽调技术素质高、责任心强的农业技术人员，尽可能抽调第二次土壤普查人员，经过为期 3 天的专业培训和野外实习，组成 6 支野外调查队，共 20 余人参加野外调查。

3. 根据《规程》和《规范》要求，严格取样 各野外调查支队根据图标位置，在了解农户农业生产情况基础上，确定具有代表性田块和农户，用 GPS 定位仪进行定位，依据田块准确方位修正点位图上的点位位置。

**4. 按照《规程》、省级实施方案要求规定和《规范》规定，填写调查表格，并将采集的样品统一编号，带回室内化验。

二、调查内容

（一）基本情况调查项目

1. 采样地点和地块　地址名称采用民政部门认可的正式名称。地块采用当地的通俗名称。

2. 经纬度及海拔高度　由 GPS 定位仪进行测定。

3. 地形地貌　以形态特征划分为五大地貌类型，即山地、丘陵、平原、高原及盆地。

4. 地形部位　指中小地貌单元。主要包括河漫滩、一级阶地、二级阶地、高阶地、坡地、梁地、垣地、峁地、山地、沟谷、洪积扇（上、中、下）、倾斜平原、河槽地、冲积平原。

5. 坡度　一般分为＜2.0°、2.1°～5.0°、5.1°～8.0°、8.1°～15.0°、15.1°～25.0°、≥25.0°。

6. 侵蚀情况　按侵蚀种类和侵蚀程度记载，根据土壤侵蚀类型可划分为水蚀、风蚀、重力侵蚀、冻融侵蚀、混合侵蚀等，侵蚀程度通常分为无明显、轻度、中度、强度、极强度 5 级。

7. 潜水深度　指地下水深度，分为深位（3～5 米）、中位（2～3 米）、浅位（≤2 米）。

8. 家庭人口及耕地面积　指每个农户实有的人口数量和种植耕地面积（亩）。

（二）土壤性状调查项目

1. 土壤名称　统一按第二次土壤普查时的连续命名法填写，详细到土种。

2. 土壤质地　采用国际制；全部样品均需采用手摸测定；质地分为沙土、沙壤、壤土、黏壤、黏土 5 级。室内选取 10% 的样品采用比重计法（粒度分布仪法）测定。

3. 质地构型　指不同土层之间质地构造变化情况。一般可分为通体壤、通体黏、通体沙、黏夹沙、底沙、壤夹黏、多砾、少砾、夹砾、底砾、少姜、多姜等。

4. 耕层厚度　用铁锹垂直铲下去，用钢卷尺按实际进行测量确定。

5. 障碍层次及深度　主要指沙土、黏土、砾石、料姜等所发生的层位、层次及深度。

6. 盐碱情况　按盐碱类型划分为苏打盐化、硫酸盐盐化、氯化物盐化、混合盐化等。按盐化程度分为重度、中度、轻度等，碱化也分为轻、中、重度等。

7. 土壤母质　按成因类型分为保德红土、残积物、河流冲积物、洪积物、黄土状冲积物、离石黄土、马兰黄土等类型。

（三）农田设施调查项目

1. 地面平整度　按大范围地形坡度分为平整（＜2°）、基本平整（2°～5°）、不平整（＞5°）。

2. 梯田化水平　分为地面平坦、园田化水平高，地面基本平坦、园田化水平较高，高水平梯田，缓坡梯田，新修梯田，坡耕地 6 种类型。

3. 田间输水方式　管道、防渗渠道、土渠等。

4. 灌溉方式　分为漫灌、畦灌、沟灌、滴灌、喷灌、管灌等。

5. 灌溉保证率 分为充分满足、基本满足、一般满足、无灌溉条件 4 种情况或按灌溉保证率（％）计。

6. 排涝能力 分为强、中、弱 3 级。

(四) 生产性能与管理情况调查项目

1. 种植（轮作）制度 分为一年一熟、一年二熟、二年三熟等。

2. 作物（蔬菜）种类与产量 指调查地块上年度主要种植作物及其平均产量。

3. 耕翻方式及深度 指翻耕、旋耕、耙地、耱地、中耕等。

4. 秸秆还田情况 分翻压还田、覆盖还田等。

5. 设施类型、棚龄或种菜年限 分为薄膜覆盖、塑料拱棚、温室等，棚龄以正式投入使用算起。

6. 上年度灌溉情况 包括灌溉方式、灌溉次数、年灌水量、水源类型、灌溉费用等。

7. 年度施肥情况 包括有机肥、氮肥、磷肥、钾肥、复合（混）肥、微肥、叶面肥、微生物肥及其他肥料施用情况，有机肥要注明类型，化肥指纯养分。

8. 上年度生产成本 包括化肥、有机肥、农药、农膜、种子（种苗）、机械人工及其他。

9. 上年度农药使用情况 农药作用次数、品种、数量。

10. 产品销售及收入情况。

11. 作物品种及种子来源。

12. 蔬菜效益 指当年纯收益。

三、采样数量

在静乐县 75.1 万亩耕地上，共采集大田土壤样品 3 900 个。

四、采样控制

野外调查采样是此次调查评价的关键。既要考虑采样的代表性、均匀性，也要考虑采样的典型性。根据全县的区划划分特征，分别在平川区、黄土丘陵区、土石山区，并充分考虑不同作物类型、不同地力水平的农田，严格按照《规程》和《规范》要求均匀布点，并按图标布点实地核查后进行定点采样。整个采样过程严肃认真，达到了《规程》要求，保证了调查采样质量。

第四节　样品分析及质量控制

一、分析项目及方法

(一) 物理性状

土壤容重：采用环刀法测定。

（二）化学性状

（1）pH：土液比 1∶2.5，采用电位法测定。

（2）有机质：采用油浴加热——重铬酸钾氧化容量法测定。

（3）有效磷：采用碳酸氢钠或氟化铵——盐酸浸提——钼锑抗比色法测定。

（4）速效钾：采用乙酸铵浸提——火焰光度计或原子吸收分光光度计法测定。

（5）全氮：采用凯氏蒸馏法测定。

（6）缓效钾：采用硝酸提取——火焰光度法测定。

（7）有效铜、锌、铁、锰：采用 DPTA 提取——原子吸收光谱法测定。

（8）有效钼：采用草酸——草酸铵浸提——极谱法测定。

（9）水溶性硼：采用沸水浸提——甲亚铵——H 比色法或姜黄素比色法测定。

（10）有效硫：采用磷酸盐——乙酸或氯化钙浸提——硫酸钡比浊法测定。

（11）交换性钙和镁：采用乙酸铵提取——原子吸收光谱法测定。

（12）阳离子交换量：采用 EDTA——乙酸铵盐交换法测定。

二、分析测试质量控制

分析测试质量主要包括野外调查取样后样品风干、处理与实验室分析化验质量，其质量的控制是调查评价的关键。

（一）样品风干及处理

常规样品如大田样品、果园土壤样品，应及时放置在干燥、通风、卫生、无污染的室内风干，风干后送化验室处理。

将风干后的样品平铺在制样板上，用木棍或塑料棍碾压，并将植物残体、石块等侵入体和新生体剔除干净。细小已断的植物须根，可采用静电吸附的方法清除。压碎的土样用 2 毫米孔径筛过筛，未通过的土粒重新碾压，直至全部样品通过 2 毫米孔径筛为止。通过 2 毫米孔径筛的土样可供 pH、盐分、交换性能及有效养分等项目的测定。

将通过 2 毫米孔径筛的土样用四分法取出一部分继续碾磨，使之全部通过 0.25 毫米孔径筛，供有机质、全氮、碳酸钙等项目的测定。

用于微量元素分析的土样，其处理方法同一般化学分析样品，但在采样、风干、研磨、过筛、运输、贮存等诸环节都要特别注意，不要接触容易造成样品污染的铁、铜等金属器具。采样、制样推荐使用不锈钢、木、竹或塑料工具，过筛使用尼龙网筛等。通过 2 毫米孔径尼龙筛的样品可用于测定土壤有效态微量元素。

将风干土样反复碾碎，用 2 毫米孔径筛过筛。留在筛上的碎石称量后保存，同时将过筛的土壤称重，计算石砾质量百分数。将通过 2 毫米孔径筛的土样混匀后盛于广口瓶内，用于颗粒分析及其他物理性质测定。若风干土样中有铁锰结核、石灰结核、铁子或半风化体，不能用木棍碾碎，应首先将其细心拣出称量保存，然后再进行碾碎。

（二）实验室质量控制

1. 测试前采取的主要措施

（1）方案制订：按《规程》要求制订了周密的采样方案，尽量减少采样误差（把采样作为分析检验的一部分）。

（2）人员培训：正式开始分析前，对检验人员进行了为期 2 周的培训。对检测项目、检测方法、操作要点、注意事项一一进行培训，并进行了质量考核，为检验人员掌握了解项目分析技术、提高业务水平、减少误差等奠定了基础。

（3）收样登记制度：制订了收样登记制度，将收样时间、制样时间、处理方法与时间、分析时间一一登记，并在收样时确定样品统一编码、野外编码及标签等，从而确保了样品的真实性和整个过程的完整性。

（4）测试方法确认（尤其是同一项目有几种检测方法时）：根据实验室现有条件、要求规定及分析人员掌握情况等确立最终采取的分析方法。

（5）测试环境确认：为减少系统误差，对实验室温湿度、试剂、用水、器皿等一一检验，保证其符合测试条件。对有些相互干扰的项目分实验室进行分析。

（6）仪器使用：检测用仪器设备及时进行计量检定，定期进行运行状况检查。

2. 检测中采取的主要措施

（1）仪器使用实行登记制度，并及时对仪器设备进行检查维修和调整。

（2）严格执行项目分析标准或规程，确保测试结果准确性。

（3）坚持平行试验、必要的重现性试验，控制精密度，减少随机误差。

每个项目开始分析时每批样品均须做 100% 平行样品，结果稳定后，平行次数减少 50%，但最少保证做 10%～15% 平行样品。每个化验人员都自行编入明码样做平行测定，质控员还编入 10% 密码样进行质量控制。

平行双样测定结果的误差在允许范围之内为合格；平行双样测定全部不合格者，该批样品须重新测定；平行双样测定合格率<95% 时，除对不合格的重新测定外，再增加 10%～20% 的平行测定率，直到总合格率达 95%。

（4）坚持带质控样进行测定

①与标准样对照。分析中，每批次样品带标准样品 10%～20%，在测定的精密度合格的前提下，标准样测定值在标准保证值（95% 的置信水平）范围内为合格，否则本批结果无效，进行重新分析测定。

②加标回收法。对灌溉水样由于无标准物质或质控样品，采用加标回收试验来测定准确度。

③加标率。在每批样品中，随机抽取 10%～20% 试样进行加标回收测定。

④加标量。被测组分的总量不得超出方法的测定上限。加标浓度宜高、体积应小，不应超过原定试样体积的 1%。

加标回收率在 90%～110% 范围内的为合格。

$$加标加收率（\%）=\frac{加标试样测定值-试样测定值}{加标量}\times100$$

根据回收率大小，也可判断是否存在系统误差。

（5）注重空白试验：全程空白值是指用某一方法测定某物质时，除样品中不含该物质外，整个分析过程中引起的信号值或相应浓度值。它包含了试剂、蒸馏水中杂质带来的干扰，从待测试样的测定值中扣除，可消除上述因素带来的系统误差。如果空白值过高，则要找出原因，采取其他措施（如提纯试剂、更新试剂、更换容器等）加以消除。保证每批次样品做 2 个以上空白样，并在整个项目开始前按要求做全程空白测定，每次做 2 个平行空白样，连测 5 天共得 10 个测定结果，计算批内标准偏差 S_{wb}。

$$S_{wb} = \left[\sum (X_i - X_平)^2 / m(n-1) \right]^{1/2}$$

式中：n——每天测定平均样个数；

　　　m——测定天数。

（6）做好校准曲线：比色分析中标准系列保证设置 6 个以上浓度点。根据浓度和吸光值按一元线性回归方程 $Y=a+bX$，计算其相关系数。

式中：Y——吸光度；

　　　X——待测液浓度；

　　　a——截距；

　　　b——斜率。

要求标准曲线相关系数 r≥0.999。

校准曲线控制：①每批样品皆需做校准曲线。②标准曲线力求 r≥0.999，且有良好重现性。③大批量分析时每测 10～20 个样品要用标准液校验，检查仪器状况。④待测液浓度超标时不能任意外推。

（7）用标准物质校核实验室的标准滴定溶液：标准物质的作用是校准，对测量过程中使用的基准纯、优级纯的试剂进行校验，校准合格才能使用，确保量值准确。

（8）详细、如实记录测试过程：使检测条件可再现、检测数据可追溯。对测量过程中出现的异常情况也及时记录，及时查找原因。

（9）认真填写测试原始记录：测试记录做到如实、准确、完整、清晰。记录的填写、更改均制订了相应制度和程序。当测试由一人读数一人记录时，记录人员复读多次所记的数字，减少误差发生。

3. 检测后主要采取的技术措施

（1）加强原始记录校核、审核：实行"三审三校"制度，对发现的问题及时研究、解决，或召开质量分析会，达成共识。

（2）运用质量控制图预防质量事故发生：对运用均值—极差控制图的判断，参照《质量专业理论与实名》中的判断准则。对控制样品进行多次重复测定，由所得结果计算出控制样的平均值 X 及标准差 S（或极差 R），就可绘制均值—标准差控制图（或均值—极差控制图），纵坐标为测定值，横坐标为获得数据的顺序。将均值 X 作成与横坐标平行的中心级 CL，$X\pm3S$ 为上下警戒限 UCL 及 LCL，$X\pm2S$ 为上下警戒限 UWL 及 LWL。在进行试样列行分析时，每批带入控制样，根据差异判异准则进行判断。如果在控制限之外，该批结果为全部错误结果，则必须查出原因，采取措施，加以消除，除"回控"后再重复测定，并控制错误不再出现，如果控制样的结果落在控制限和警戒限之间，说明精密度已不理想，应引起注意。

（3）控制检出限：检出限是指对某一特定的分析方法在给定的置信水平内，可以从样品中检测的待测物质的最小浓度或最小值。根据空白测定的批内标准偏差（S_{wb}）按下列公式计算检出限（95％的置信水平）。

①若试样一次测定值与零浓度试样一次测定值有显著性差异时，检出限（L）按下列公式计算：

$$L=2\times2^{1/2}t_fS_{wb}$$

式中：L——方法检出限；

$\quad t_f$——显著水平为 0.05（单侧）、自由度为 f 的 t 值；

$\quad S_{wb}$——批内空白值标准偏差；

$\quad f$——批内自由度，$f=m(n-1)$，m 为重复测定次数，n 为平行测定次数。

②原子吸收分析方法中检出限计算：$L=3S_{wb}$。

③分光光度法以扣除空白值后的吸光值为 0.010 相对应的浓度值为检出限。

（4）及时对异常情况处理

①异常值的取舍。对检测数据中的异常值，按 GB/T 4883—2008 标准规定采用 Grubbs 法或 Dixon 法加以判断处理。

②外界干扰（如停电、停水）。检测人员应终止检测，待排除干扰后再重新检测，并记录干扰情况。当仪器出现故障时，故障排除后并校准合格的，方可重新检测。

（5）数据处理：使用计算机采集、处理、运算、记录、报告、存储检测数据时，应制订相应的控制程序。

（6）检验报告的编制、审核、签发：检验报告是实验工作的最终结果，是实验室工作的产品，因此对检验报告质量要高度重视。检验报告应做到完整、准确、清晰、结论正确。必须坚持三级审核制度，明确制表、审核、签发的职责。

除此之外，为保证分析化验质量，提高实验室之间分析结果的可比性，山西省土壤肥料工作站抽查 5%～10%样品在省测试中心进行复核，并编制密码样，对实验室进行质量监督和控制。

4. 技术交流 在分析过程中，发现问题及时交流、改进方法，不断提高技术水平。

5. 数据录入 分析数据按《规程》和方案要求审核后编码整理，和采样点一一对照，确认无误后进行录入。采取双人录入、相互对照的方法，保证录入正确率。

第五节 评价依据、方法及评价标准体系的建立

一、评价原则依据

耕地地力评价

经山西省农业厅土壤肥料工作站、山西农业大学资源环境学院、忻州市土壤肥料工作站以及静乐县土壤肥料工作站专家评议，静乐县确定了三大因素、8 个因子为耕地地力评价指标。

1. 立地条件 指耕地土壤的自然环境条件，它包含与耕地质量直接相关的地貌类型及地形部位、成土母质、地面坡度等。

（1）地貌类型及其特征描述：静乐县由平原到山地垂直分布的主要地形地貌有河流及河谷冲积平原（河漫滩、一级阶地、二级阶地），山前倾斜平原（洪积扇上、中、下等），

丘陵（梁地、坡地等）和山地（石质山、土石山等）。

（2）成土母质及其主要分布：在静乐县耕地上分布的母质类型有洪积物、壤质黄土母质（物理性黏粒含量 35%～45%）、河流冲积物、坡积物、静乐红土等。

（3）地面坡度：地面坡度反映水土流失程度，直接影响耕地地力，静乐县将地面坡度依大小分成 6 级（＜2.0°、2.1°～5.0°、5.1°～8.0°、8.1°～15.0°、15.1°～25.0°、≥25.0°）进入地力评价系统。

2. 土壤属性

（1）土体构型：指土壤剖面中不同土层间质地构造变化情况，直接反映土壤发育及障碍层次，影响根系发育、水肥保持及有效供给，包括有效土层厚度、耕作层厚度、质地构型 3 个因素。静乐县根据其实际情况，选择了耕层厚度指标。

耕层厚度：按其厚度（厘米）深浅从高到低依次分为 6 级（＞30、26～30、21～25、16～20、11～15、≤10）进入地力评价系统。

（2）耕层土壤理化性状：分为较稳定的物理性状（容重、质地、有机质、盐渍化程度、pH）和易变化的化学性状（有效磷、速效钾）两大部分。静乐县根据其实际情况，选择了其中 3 项指标。

①有机质。土壤肥力的重要指标，直接影响耕地地力水平。按其含量（克/千克）从高到低依次分为 6 级（＞25.00、20.01～25.00、15.01～20.00、10.01～15.00、5.01～10.00、≤5.00）进入地力评价系统。

②有效磷。按其含量（毫克/千克）从高到低依次分为 6 级（＞25.00、20.1～25.00、15.1～20.00、10.1～15.00、5.1～10.00、≤5.00）进入地力评价系统。

③速效钾。按其含量（毫克/千克）从高到低依次分为 6 级（＞200、151～200、101～150、81～100、51～80、≤50）进入地力评价系统。

3. 农田基础设施条件　静乐县根据其实际情况，农田基础设施条件选择了园（梯）田化水平作为评价指标。

园（梯）田化水平：按园田化和梯田类型及其熟化程度分为地面平坦、园田化水平高，地面基本平坦、园田化水平较高，高水平梯田，缓坡梯田、熟化程度 5 年以上，新修梯田和坡耕地 6 种类型。

二、评价方法及流程

耕地地力评价

1. 技术方法

（1）文字评述法：对一些概念性的评价因子，如地形部位、成土母质、地面坡度、耕层厚度、有机质、有效磷、速效钾、园（梯）田化水平等进行定性描述。

（2）专家经验法（德尔菲法）：山西省农业厅土壤肥料工作站邀请山西农业大学资源环境学院、各市县具有一定学术水平和农业生产实践经验的土壤肥料界的 19 名专家，参与评价因素的筛选和隶属度确定（包括概念型和数值型评价因子的评分），见表2-1。

表 2-1 各评价因子专家打分意见

因　　子	平均值	众数值	建议值
立地条件（C_1）	1.4	1（11）	1
土体构型（C_2）	3.2	3（9）5（6）	3
较稳定的物理性状（C_3）	36	3（6）5（9）	4
易变化的化学性状（C_4）	2.0	2（9）3（6）	2
农田基础建设（C_5）	1.5	1（15）	1
地形部位（A_1）	1.3	1（13）	1
成土母质（A_2）	4.3	3（6）6（10）	4
地面坡度（A_3）	2.1	2（10）3（6）	2
耕层厚度（A_4）	3.0	3（10）4（6）	3
有机质（A_5）	2.7	2（5）3（11）	3
有效磷（A_6）	2.2	2（10）3（7）	2
速效钾（A_7）	3.1	3（10）4（7）	3
梯（园）田化水平（A_8）	1.2	1（16）	1

（3）模糊综合评判法：应用这种数理统计的方法对数值型评价因子（如地形部位、成土母质、地面坡度、耕层厚度、有机质、有效磷、速效钾等）进行定量描述，即利用专家给出的评分（隶属度）建立某一评价因子的隶属函数，见表 2-2。

表 2-2 静乐县耕地地力评价数值型因子分级及其隶属度

评价因子	量纲	1级	2级	3级	4级	5级	6级
		量值	量值	量值	量值	量值	量值
地面坡度	°	＜2.0	2.0～5.0	5.1～8.0	8.1～15.0	15.1～25.0	≥25
耕层厚度	厘米	＞30	26～30	21～25	16～20	11～15	≤10
有机质	克/千克	＞25.0	20.01～25.00	15.01～20.00	10.01～15.00	5.01～10.00	≤5.00
有效磷	毫克/千克	＞25.0	20.1～25.0	15.1～20.0	10.1～15.0	5.1～10.0	≤5.0
速效钾	毫克/千克	＞200	151～200	101～150	81～100	51～80	≤50

（4）层次分析法：用于计算各参评因子的组合权重。本次评价把耕地生产性能（即耕地地力）作为目标层（G 层），把影响耕地生产性能的立地条件、土体构型、较稳定的物理性状、易变化的化学性状、农田基础设施条件作为准则层（C 层），再把影响准则层中各因素的项目作为指标层（A 层），建立耕地地力评价层次结构图。在此基础上，由 19 名专家分别对不同层次内各参评因素的重要性做出判断，构造出不同层次间的判断矩阵。最后计算出各评价因子的组合权重。

（5）指数和法：采用加权法计算耕地地力综合指数，即将各评价因子的组合权重与相应的因素等级分值（即由专家经验法或模糊综合评判法求得的隶属度）相乘后累加，如：

$$IFI = \sum B_i \times A_i(i = 1, 2, 3, \cdots, 15)$$

式中：IFI——耕地地力综合指数；

　　　B_i——第i个评价因子的等级分值；

　　　A_i——第i个评价因子的组合权重。

2. 技术流程

（1）应用叠加法确定评价单元：把基本农田保护区规划图与土地利用现状图、土壤图叠加形成的图斑作为评价单元。

（2）空间数据与属性数据的连接：用评价单元图分别与各个专题图叠加，为每一评价单元获取相应的属性数据。根据调查结果，提取属性数据进行补充。

（3）确定评价指标：根据全国耕地地力调查评价指数表，由山西省土壤肥料工作站组织 19 名专家，采用德尔菲法和模糊综合评判法确定静乐县耕地地力评价因子及其隶属度。

（4）应用层次分析法确定各评价因子的组合权重。

（5）数据标准化：计算各评价因子的隶属函数，对各评价因子的隶属度数值进行标准化。

（6）应用累加法计算每个评价单元的耕地地力综合指数。

（7）划分地力等级：分析综合地力指数分布，确定耕地地力综合指数的分级方案，划分地力等级。

（8）归入农业部地力等级体系：选择 10％的评价单元，调查近 3 年粮食单产（或用基础地理信息系统中已有资料），与以粮食作物产量为引导确定的耕地基础地力等级进行相关分析，找出两者之间的对应关系，将评价的地力等级归入农业部确定的等级体系（NY/T 309—1996　全国耕地类型区、耕地地力等级划分）。

（9）采用 GIS、GPS 系统编绘各种养分图和地力等级图等图件。

三、耕地地力评价标准体系建立

1. 耕地地力要素的层次结构　静乐县耕地地力要素的层次结构，见图 2-2。

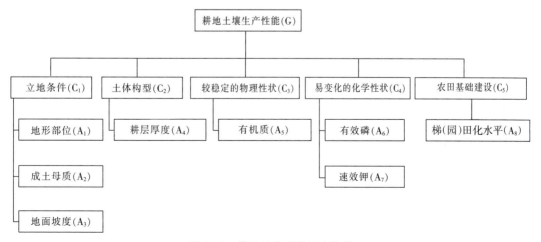

图 2-2　耕地地力要素层次结构

2. 耕地地力要素的隶属度

（1）概念性评价因子：各评价因子的隶属度及其描述见表2-3。

（2）数值型评价因子：各评价因子的隶属函数（经验公式）见表2-4。

3. 耕地地力要素的组合权重： 应用层次分析法所计算的各评价因子的组合权重见表2-5。

4. 耕地地力分级标准： 静乐县耕地地力分级标准见表2-6。

表2-3　静乐县耕地地力评价概念性因子隶属度及其描述

地形部位	描述	河漫滩	一级阶地	二级阶地	高阶地	垣地	洪积扇（上、中、下）			倾斜平原	梁地	峁地	坡麓	沟谷
	隶属度	0.7	1.0	0.9	0.7	0.4	0.4	0.6	0.8	0.8	0.2	0.2	0.1	0.6
母质类型	描述	坡积物		河流冲积物	黄土状冲积物		残积物		静乐红土		马兰黄土		离石黄土	
	隶属度	0.7		0.9	0.8		0.4		0.3		0.5		0.6	
梯（园）田化水平	描述	地面平坦园田化水平高		地面基本平坦园田化水平较高		高水平梯田		缓坡梯田、熟化程度5年以上		新修梯田		坡耕地		
	隶属度	1.0		0.8		0.6		0.4		0.2		0.1		

表2-4　静乐县耕地地力评价数值型因子隶属函数

函数类型	评价因子	经验公式	C	U_t
戒下型	地面坡度（°）	$y=1/[1+6.492\times10^{-3}\times(u-c)^2]$	3.0	≥ 25
戒上型	耕层厚度（厘米）	$y=1/[1+4.057\times10^{-3}\times(u-c)^2]$	33.8	≤ 10
戒上型	有机质（克/千克）	$y=1/[1+2.912\times10^{-3}\times(u-c)^2]$	28.4	≤ 5.00
戒上型	有效磷（毫克/千克）	$y=1/[1+3.035\times10^{-3}\times(u-c)^2]$	28.8	≤ 5.00
戒上型	速效钾（毫克/千克）	$y=1/[1+5.389\times10^{-5}\times(u-c)^2]$	228.76	≤ 50

表2-5　静乐县耕地地力评价因子层次分析结果

指标层	准则层					组合权重
	C_1	C_2	C_3	C_4	C_5	$\sum C_i A_i$
	0.489 1	0.080 3	0.080 3	0.165 7	0.184 6	1.000 0
A_1　地形部位	0.563 8					0.275 8
A_2　成土母质	0.154 5					0.075 6
A_3　地面坡度	0.281 7					0.137 8
A_4　耕层厚度		1.000 0				0.080 3
A_5　有机质			1.000 0			0.080 3
A_6　有效磷				0.667 9		0.110 7
A_7　速效钾				0.332 1		0.054 9
A_8　梯（园）田化水平					1.000 0	0.184 6

表 2-6　静乐县耕地地力等级标准

等级	生产能力综合指数
一级地	≥0.60
二级地	0.51～0.60
三级地	0.48～0.51
四级地	0.46～0.48
五级地	0.43～0.46
六级地	0.37～0.43
七级地	≤0.37

第六节　耕地资源信息管理系统建立

一、耕地资源信息管理系统的总体设计

总体目标

耕地资源信息管理系统以一个县行政区域内的耕地资源为管理对象，应用GIS技术对辖区内的地形、地貌、土壤、土地利用、农田水利、土壤污染、农业生产基本情况、基本农田保护区等资料进行统一管理，构建耕地资源基础信息系统。并将此数据平台与各类管理模型结合，对辖区内的耕地资源进行系统的动态管理，为农业决策者、农民和农业技术人员提供耕地质量动态变化、土壤适宜性、施肥咨询、作物营养诊断等多方位的信息服务。

本系统行政单元为村，农田单元为基本农田保护块，土壤单元为土种，系统基本管理单元为土壤、基本农田保护块、土地利用现状图叠加所形成的评价单元。

1. 系统结构　见图 2-3。

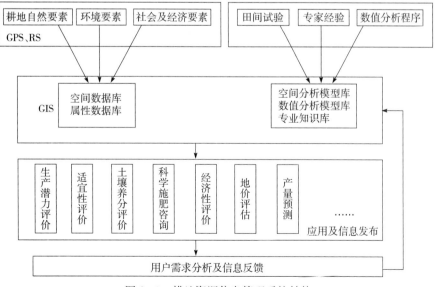

图 2-3　耕地资源信息管理系统结构

2. 县域耕地资源信息管理系统建立工作流程 见图2-4。

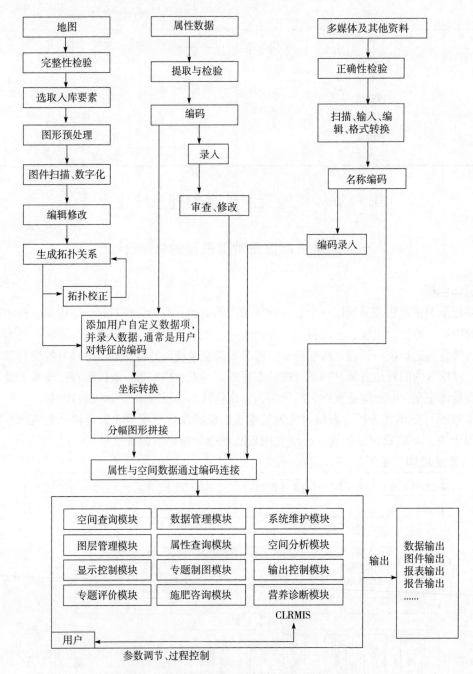

图2-4 县域耕地资源信息管理系统建立工作流程

3. CLRMIS 软、硬件配置

（1）硬件：P5 及其兼容机，≥1G 的内存，≥20G 的硬盘，A4 扫描仪，彩色喷墨打印机。

（2）软件：Windows 2000/XP，Excel 2000/XP 等。

二、资料收集与整理

1. 图件资料收集与整理　图件资料指印刷的各类地图、专题图以及商品数字化矢量和栅格图。图件比例尺为 1：50 000 和 1：10 000。

（1）地形图：统一采用中国人民解放军总参谋部测绘局测绘的地形图。由于近年来公路、水系、地形地貌等变化较大，因此采用水利、公路、规划、国土等部门的有关最新图件资料对地形图进行修正。

（2）行政区划图：由于近年撤乡并镇等工作致使部分地区行政区划变化较大，因此按最新行政区划进行修正，同时注意名称、拼音、编码等的一致。

（3）土壤图及土壤养分图：采用第二次土壤普查成果图。

（4）基本农田保护区现状图：采用国土资源局（以下简称国土局）最新划定的基本农田保护区图。

（5）地貌类型分区图：根据地貌类型将辖区内农田分区，采用第二次土壤普查分类系统绘制成图。

（6）土地利用现状图：采用 2009 年第二次土地调查成果及现状图。

（7）土壤肥力监测点点位图：在地形图上标明准确位置及编号。

（8）土壤普查土壤采样点点位图：在地形图上标明准确位置及编号。

2. 数据资料收集与整理

（1）基本农田保护区一级、二级地块登记表，国土局基本农田划定资料。

（2）其他有关基本农田保护区划定统计资料，国土局基本农田划定资料。

（3）近几年粮食单产、总产、种植面积统计资料（以村为单位）。

（4）其他农村及农业生产基本情况资料。

（5）历年土壤肥力监测点田间记载及化验结果资料。

（6）历年肥情点资料。

（7）县、乡、村名编码表。

（8）近几年土壤、植株化验资料（土壤普查、肥力普查等）。

（9）近几年主要粮食作物、主要品种产量构成资料。

（10）各乡历年化肥销售、使用情况。

（11）土壤志、土种志。

（12）特色农产品分布、数量资料。

（13）当地农作物品种及特性资料，包括各个品种的全生育期，大田生产潜力，最佳播期、播种量，百千克籽粒需氮量、需磷量、需钾量等，及品种特性介绍。

（14）一元、二元、三元肥料肥效试验资料，计算不同地区、不同土壤、不同作物品种的肥料效应函数。

（15）不同土壤、不同作物基础地力产量占常规产量比例资料。

3. 文本资料收集与整理

（1）全县及各乡（镇）基本情况描述。

（2）各土种性状描述，包括其发生、发育、分布、生产性能、障碍因素等。

4. 多媒体资料收集与整理

（1）土壤典型剖面照片。

（2）土壤肥力监测点景观照片。

（3）当地典型景观照片。

（4）特色农产品介绍（文字、图片）。

（5）地方介绍资料（图片、录像、文字、音乐）。

三、属性数据库建立

（一）属性数据内容

CLRMIS 主要属性资料及其来源见表 2-7。

表 2-7　CLRMIS 主要属性资料及其来源

编号	名　称	来　源
1	湖泊、面状河流属性表	水利局
2	堤坝、渠道、线状河流属性数据	水利局
3	交通道路属性数据	交通局
4	行政界线属性数据	农业局
5	耕地及蔬菜地灌溉水、回水分析结果数据	农业局
6	土地利用现状属性数据	国土局、卫星图片解译
7	土壤、植株样品分析化验结果数据表	本次调查资料
8	土壤名称编码表	土壤普查资料
9	土种属性数据表	土壤普查资料
10	基本农田保护块属性数据表	国土局
11	基本农田保护区基本情况数据表	国土局
12	地貌、气候属性表	土壤普查资料
13	县乡村名编码表	农业局

（二）属性数据分类与编码

数据的分类编码是对数据资料进行有效管理的重要依据。编码的主要目的是节省计算机内存空间便于用户理解使用。地理属性进入数据库之前进行编码是必要的，只有进行了正确编码的空间数据库才能实现与属性数据库的正确连接。编码格式有英文字母与数字组合。本系统主要采用数字表示的层次型分类编码体系，它能反映专题要素分类体系的基本特征。

（三）建立编码字典

数据字典是数据库应用设计的重要内容，是描述数据库中各类数据及其组合的数据集合，也称元数据。地理数据库的数据字典主要用于描述属性数据，它本身是一个特殊用途的文件，在数据库整个生命周期里都起着重要的作用。它避免重复数据项的出现，并提供了查询数据的唯一入口。

（四）数据库结构设计

属性数据库的建立与录入可独立于空间数据库和 GIS 系统，可以在 Access、dBase、Foxbase 和 Foxpro 下建立，最终统一以 dBase 的 dbf 格式保存入库。下面以 dBase 的 dbf 数据库为例进行描述。

1. 湖泊、面状河流属性数据库 lake. dbf

字段名	属性	数据类型	宽度	小数位	量纲
lacode	水系代码	N	4	0	代码
laname	水系名称	C	20		
lacontent	湖泊储水量	N	8	0	万立方米
laflux	河流流量	N	6		立方米/秒

2. 堤坝、渠道、线状河流属性数据 stream. dbf

字段名	属性	数据类型	宽度	小数位	量纲
ricode	水系代码	N	4	0	代码
riname	水系名称	C	20		
riflux	河流、渠道流量	N	6		立方米/秒

3. 交通道路属性数据库 traffic. dbf

字段名	属性	数据类型	宽度	小数位	量纲
rocode	道路编码	N	4	0	代码
roname	道路名称	C	20		
rograde	道路等级	C	1		
rotype	道路类型	C	1		（黑色/水泥/石子/土地）

4. 行政界线（省、市、县、乡、村）属性数据库 boundary. dbf

字段名	属性	数据类型	宽度	小数位	量纲
adcode	界线编码	N	1	0	代码
adname	界线名称	C	4		

adcode	name
1	国界
2	省界
3	市界
4	县界
5	乡界
6	村界

5. 土地利用现状属性数据库* landuse. dbf

* 土地利用现状分类表。

字段名	属性	数据类型	宽度	小数位	量纲
lucode	利用方式编码	N	2	0	代码

| luname | 利用方式名称 | C | 10 | | |

6. 土种属性数据表 * soil. dbf

* 土壤系统分类表。

字段名	属性	数据类型	宽度	小数位	量纲
sgcode	土种代码	N	4	0	代码
stname	土类名称	C	10		
ssname	亚类名称	C	20		
skname	土属名称	C	20		
sgname	土种名称	C	20		
pamaterial	成土母质	C	50		
profile	剖面构型	C	50		

土种典型剖面有关属性数据：

text	剖面照片文件名	C	40		
picture	图片文件名	C	50		
html	HTML 文件名	C	50		
video	录像文件名	C	40		

7. 土壤养分（pH、有机质、氮等）属性数据库 nutr＊＊＊＊. dbf

本部分由一系列的数据库组成，视实际情况不同有所差异，如在盐碱土地区还包括盐分含量及离子组成等。

（1）pH 库 nutrph. dbf：

字段名	属性	数据类型	宽度	小数位	量纲
code	分级编码	N	4	0	代码
number	pH	N	4	1	

（2）有机质库 nutrom. dbf：

字段名	属性	数据类型	宽度	小数位	量纲
code	分级编码	N	4	0	代码
number	有机质含量	N	5	2	百分含量

（3）全氮量库 nutrN. dbf：

字段名	属性	数据类型	宽度	小数位	量纲
code	分级编码	N	4	0	代码
number	全氮含量	N	5	3	百分含量

（4）速效养分库 nutrP. dbf：

字段名	属性	数据类型	宽度	小数位	量纲
code	分级编码	N	4	0	代码
number	速效养分含量	N	5	3	毫克/千克

8. 基本农田保护块属性数据库 farmland. dbf

字段名	属性	数据类型	宽度	小数位	量纲
plcode	保护块编码	N	7	0	代码

plarea	保护块面积	N	4	0	亩
cuarea	其中耕地面积	N	6		
eastto	东至	C	20		
westto	西至	C	20		
sorthto	南至	C	20		
northto	北至	C	20		
plperson	保护责任人	C	6		
plgrad	保护级别	N	1		

9. 地貌*、气候属性表 landform. dbf

* 地貌类型编码表。

字段名	属性	数据类型	宽度	小数位	量纲
landcode	地貌类型编码	N	2	0	代码
landname	地貌类型名称	C	10		
rain	降水量	C	6		

10. 基本农田保护区基本情况数据表　（略）

11. 县、乡、村名编码表

字段名	属性	数据类型	宽度	小数位	量纲
vicodec	单位编码—县内	N	5	0	代码
vicoden	单位编码—统一	N	11		
viname	单位名称	C	20		
vinamee	名称拼音	C	30		

（五）数据录入与审核

数据录入前仔细审核，数值型资料注意量纲、上下限，地名应注意汉字多音字、繁简体、简全称等问题，审核定稿后再录入。录入后仔细检查，保证数据录入无误后，将数据库转为规定的格式（dBase 的 dbf 文件格式文件），再根据数据字典中的文件名编码命名后保存在规定的子目录下。

文字资料以 TXT 格式命名保存，声音、音乐以 WAV 或 MID 文件保存，超文本以 HTML 格式保存，图片以 BMP 或 JPG 格式保存，视频以 AVI 或 MPG 格式保存，动画以 GIF 格式保存。这些文件分别保存在相应的子目录下，其相对路径和文件名录入相应的属性数据库中。

四、空间数据库建立

（一）数据采集的工艺流程

具体数据采集的工艺流程见图 2-5。

在耕地资源数据库建设中，数据采集的精度直接关系到现状数据库本身的精度和今后的应用，数据采集的工艺流程是关系到耕地资源信息管理系统数据库质量的重要基础工作。因此，对数据的采集制订了一个详尽的工艺流程。首先对收集的资料进行分类检查、

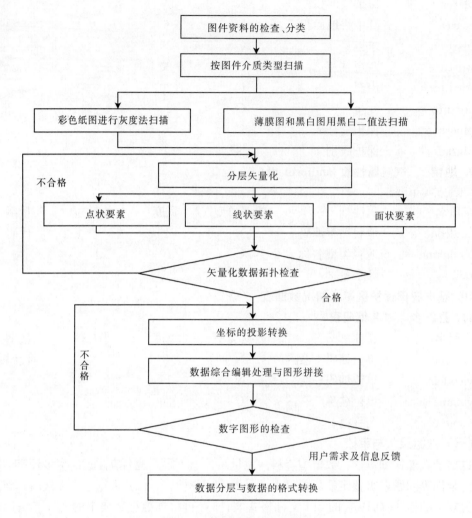

图 2-5 数据采集的工艺流程

整理与预处理。其次，按照图件资料介质的类型进行扫描，并对扫描图件进行扫描校正。再次，进行数据的分层矢量化采集、矢量化数据的检查。最后，对矢量化数据进行坐标投影转换与数据拼接工作以及数据、图形的综合检查和数据的分层与格式转换。

（二）图件数字化

1. 图件的扫描 由于所收集的图件资料为纸介质的图件资料，所以采用灰度法进行扫描。扫描的精度为 300dpi。扫描完成后将文件保存为 ＊.TIF 格式。在扫描过程中，为了保证扫描图件的清晰度和精度，对图件先进行预扫描。在预扫描过程中，检查扫描图件的清晰度，其清晰度必须能够区分图内的各要素。然后利用 Congtex Fss8300 扫描仪自带的 CADimage/scan 扫描软件进行角度校正，角度校正后必须保证图幅下方两个内图廓点的连线与水平线的角度误差小于 0.2°。

2. 数据采集与分层矢量化 对图形的数字化采用交互式矢量化方法，确保图形矢量化的精度，在耕地资源信息管理系统数据库建设中需要采集的要素有点状要素、线状要素和面状要素。由于所采集的数据种类较多，所以必须按不同类型进行分层采集。

（1）点状要素的采集：点状要素可以分为两种类型，一种是零星地类；另一种是注记点。零星地类包括一些有点位的点状零星地类和无点位的零星地类。对于有点位的零星地类，在数据的分层矢量化采集时，将点标记置于点状要素的几何中心点；对于无点位的零星地类在分层矢量化采集时，将点标记置于原始图件的定位点。农化点位、污染源点位等注记点的采集按照原始图件资料中的注记点，在矢量化过程中一一标注相应的位置。

（2）线状要素的采集：在耕地资源图件资料上的线状要素主要有带有宽度的线状地物界、地类界、行政界线、权属界线、土种界、等高线等，对于不同类型的线状要素，进行分层采集。线状地物主要是指道路、水系、沟渠等，线状地物数据采集时考虑到由于有些线状地物宽度较宽，如一些较大的河流、沟渠，它们在地图上可以按照图件资料的宽度比例表示；有些线状地物，如一些道路和水系，由于其宽度不能在图上表示，在采集其数据时，则按栅格图上线状地物的中轴线来确定其在图上的实际位置。对地类界、行政界、土种界和等高线数据的采集，保证其封闭性和连续性。线状要素按照其种类不同分层采集、分层保存，以备数据分析时进行利用。

（3）面状要素的采集：面状要素要在线状要素采集后，通过建立拓扑关系形成区后进行，由于面状要素是由行政界线、权属界线、地类界线和一些带有宽度的线状地物界等面状要素所形成的一系列的闭合性区域，其主要包括行政区、权属区、土壤类型区等图斑。所以对于不同的面状要素，应采用不同的图层对其进行数据采集。考虑到实际情况，将面状要素分为行政区层、地类层、土壤层等图斑层。将分层采集的数据分层保存。

（三）矢量化数据的拓扑检查

由于在矢量化过程中不可避免地要存在一些问题，因此，在完成图形数据的分层矢量化后，要进行下一步工作前，必须对分层矢量化的数据进行拓扑检查，主要是完成以下几方面的工作。

1. 消除在矢量化过程中存在的一些悬挂线段 在线状要素的采集过程中，为了保证线段完成闭合，某些线段可能出现互相交叉的情况，这些均属于悬挂线段。在进行悬挂线段的检查时，首先使用 MapGIS 的线文件拓扑检查功能，自动对其检查和清除。如果不能自动清除的，则对照原始图件资料进行手工修正。对线状要素进行矢量化数据检查完成以后，随即由作图员对所矢量化的数据与原始图件资料相对比进行检查。如果在检查过程中发现有一些通过拓扑检查不能解决的问题，或矢量化数据的精度不符合要求的，或者是某些线状要素存在着一定的位移而难以校正的，则对其中的线状要素进行重新矢量化。

2. 检查图斑和行政区等面状要素的闭合性 图斑和行政区是反映一个地区耕地资源状况的重要属性。在对图件资料中的面状要素进行数据的分层矢量化采集中，由于图件资料所涉及的图斑较多，有可能存在着一些图斑或行政界的不闭合情况。可以利用 MapGIS 的区文件拓扑检查功能，对在面状要素分层矢量化采集过程中所保存的一系列区文件进行拓扑检查。拓扑检查可以消除大多数区文件的不闭合情况。对于不能自动消除的，通过与原始图件资料的相互检查，进一步消除其不闭合情况。如果通过拓扑检查，可以消除在矢量化过程中所出现的上述问题，则进行下一步工作，如果在拓扑检查以后还存在一些问题，则对其进行重新矢量化，以确保系统建设的精度。

（四）坐标的投影转换与图件拼接

1. 坐标转换　在进行图件的分层矢量化采集过程中，所建立的是图面坐标系（单位是毫米），而在实际应用中，则要求建立平面直角坐标系（单位是米）。因此，必须利用MapGIS所提供的坐标转换功能，将图面坐标转换成为正投影的大地直角坐标系。在坐标转换过程中，为了保证数据的精度，可根据提供数据源的图件精度的不同，采用不同的质量控制方法进行坐标转换工作。

2. 投影转换　县级土地利用现状数据库的数据投影方法采用高斯投影，也就是将进行坐标转换以后的图形资料，按照大地坐标系的经纬度坐标进行转换，以便以后进行图件拼接。在进行投影转换时，对 1：10 000 土地利用图件资料，投影的分带宽度为 3°。但是根据地形的复杂程度、行政区的跨度和图幅的具体情况，对于部分图形采用非标准的 3° 分带高斯投影。

3. 图件拼接　静乐县提供的 1：10 000 土地利用现状图是采用标准分幅图，在系统建设过程中应把图幅进行拼接。在图斑拼接检查过程中，相邻图幅间的同名要素误差应小于1 毫米，这时移动其任何一个要素进行拼接，同名要素间距为 1～3 毫米的处理方法是将两个要素各自移动一半，在中间部分结合，这样图幅拼接就完全满足了精度要求。

五、空间数据库与属性数据库的连接

MapGIS 系统采用不同的数据模型分别对属性数据和空间数据进行存储管理，属性数据采用关系模型，空间数据采用网状模型。两种数据的联结非常重要。在一个图幅工作单元 Coverage 中，每个图形单元由一个标识码来唯一确定。同时一个 Coverage 中可以若干个关系数据库文件即要素属性表，用以完成对 Coverage 的地理要素的属性描述。图形单元标识码是要素属性表中的一个关键字段，空间数据与属性数据以此字段形成关联，完成对地图的模拟。这种关联使 MapGIS 的两种模型联成一体，可以方便地从空间数据检索属性数据或者从属性数据检索空间数据。

对属性与空间数据的连接采用的方法是：在图件矢量化过程中，标记多边形标识点，建立多边形编码表，并运 MapGIS 将用 Foxpro 建立的属性数据库自动连接到图形单元中，这种方法可由多人同时进行工作，速度较快。

第三章 耕地土壤属性

第一节 耕地土壤类型

一、土壤类型及分布

根据山西省第二次土壤普查土壤工作分类，静乐县土壤分为四大土类，9个亚类，18个土属，35个土种。其分布受地形、地貌、水文、地质条件影响，随地形呈明显变化。具体分布见表3-1。

表3-1 静乐县土壤分布状况

土　类	面积（亩）	亚类面积（亩）	分　　　　布
潮土	24 003.15	潮土 （6 940.37）	主要分布在杜家村镇、段家寨乡、鹅城镇等
		盐化潮土 （17 062.78）	
粗骨土	63 105.24	钙质粗骨土 （32 383.86）	主要分布在赤泥洼乡、杜家村镇、段家寨乡等
		中性粗骨土 （30 721.38）	
褐土	657 422.71	褐土性土 （630 017.85）	分布在全县各个乡（镇）
		淋溶褐土 （17 377.47）	
		石灰性褐土 （10 027.39）	
棕壤	6 247.33	棕壤 （2 322.90）	主要分布在杜家村镇、段家寨乡、双路乡等
		棕壤性土 （3 924.43）	
四大土类	750 778.43	—	—

二、土壤类型特征及主要生产性能

（一）潮土

分布于静乐县沿汾河川及东、西碾河和鸣河两侧的一级阶地上，山区乡（镇）的山前洼地浅水漏头处也有分布。海拔为1 140～1 500米。

该土是受生物气候影响较小的一种隐域性土壤。自然植被主要是残存于田间的喜湿性和喜盐性草本植被。成土过程主要受地下水影响，地下水位为1～2.5米。一般来说，潜水流动比较畅通、水质较好，是优良的农业土壤。但在干旱和降水的季节性影响下，地下水位上下移动，使底土处于氧化还原的交替过程中，而呈现出铁锰结核的锈纹锈斑，可溶性盐分随水移动，在半干旱气候条件下很容易形成盐碱土壤。母质为近代河流冲积物，各层次质地差异较大，为沙壤—中壤，沉积物质错综复杂，水平层次明显。根据该土附加的成土过程，本土类可分2个亚类，潮土和盐化潮土。

1. 潮土 分布于汾河两岸一级阶地及河漫滩上和山区地带的山前交接洼地浅水露头处，面积为24 003.15亩，占总耕地面积的3.20%。地下水位2米左右，全剖面颜色呈浅灰、棕灰色，质地差异大，沙壤—轻壤—中壤—重壤都有，沉积层次明显，石灰反应较强。所分布地区比较湿润，在褐土地区隐域出现，土层厚度不等，锈纹锈斑明显，有机质含量略高。主要自然植被有牛毛毡、稗、杨、柳、委陵菜、草木栖等喜湿性植物。依据土壤的熟化程度和利用方式，本亚类有1个土属，为冲积潮土，面积24 003.15亩。

冲积潮土发育于河流淤积—冲积母质上，面积为6 940.37亩，占总耕地面积的0.92%。主要分布在汾河两岸及河漫滩上，依据土壤间层出现部位及厚度和质地的差异，本土属分2个土种，河潮土和绵潮土。

①河潮土（俗称河沙土）。以13—21号剖面为本土种的典型代表。主要分布在鹅城镇和丰润镇的一级阶地和河漫滩上，海拔为1 180～1 220米，面积为831.42亩，占总耕地面积的0.11%。

13—21号剖面采于鹅城镇西坡崖村北偏东35°，距离1 200米处的宋家湾，海拔为1 220米。自然植被有青芥、车前子、刺儿菜，杨、柳树等，覆盖度较差，约50%。

剖面形态特征：

0～19厘米：淡棕，沙壤，片状，土体紧，土壤润，根系多。

19～50厘米：暗红棕，沙壤，片状，土体紧，土壤湿润，根系多。

55～100厘米：淡棕黄，沙壤，片状，土体紧，土壤潮湿，根系中量。

100厘米以下：卵石层。

除表土外，下部锈纹锈斑明显，石灰反应较强烈。该类型土壤土层较厚，肥力低，不宜为农业利用，适宜林业发展。

②绵潮土（俗称河淤土）。以14—45号剖面为本土种的典型代表，主要分布于鹅城镇、神峪沟乡、杜家村镇等乡（镇）的一级阶地和沟坪地上，海拔为1 150～1 250米，面积为6 108.75亩，占总耕地面积的0.81%。

14—45号剖面采于神峪沟乡张贵村北偏西70°，距离804米处的下河滩，海拔1 180米。自然植被有狗尾草、青芥、稗草等草本植物，农业利用方式为一年一作，主要种植作物为玉米、谷子、山药轮作，亩产200千克左右。

剖面形态特征：

0～18厘米：棕褐，轻壤，屑粒，疏松，土壤润，根系多。

18～34厘米：棕褐，轻壤，块状，土体较紧，土壤润，根系中量。

34～73厘米：黄褐，轻壤，块状，土体较紧，土壤润，根系少。

73 厘米以下：卵石层。

通体石灰反应强烈。该类型土壤土层深厚，潮湿温暖，通透性好，保水保肥性好，为静乐县的优良农田。

2. 盐化潮土　该土广泛分布于汾河，东、西碾河，鸣河等河流及山前交接洼地、一级阶地、沟坪地、河谷平川及河漫滩上，海拔为 1 140～1 450 米，面积为 17 062.78 亩，占总耕地面积的 2.27%。

盐化潮土，处于广阔平坦、水利资源丰富、交通方便之地，本是农业生产的精华用地，可因为盐碱危害，不同程度地抑制了作物的生长，影响了农业生产的发展。该土成土过程除与潮土相同外，还附加有盐渍化过程，归纳为 3 点特征：①地表多盐生植物，如盐吸、女苑、滨藜；②地下水位高，为 1～1.5 米；③土体构型为盐霜—积盐层—潜育层—母质层。

根据盐分组成和土壤熟化程度，本亚类有 1 个土属，硫酸盐盐化潮土。

硫酸盐盐化潮土发育于河流冲积—淤积物母质上，面积为 17 062.78 亩，占总耕地面积的 2.27%。按其土壤间层出现的部位、厚度和土壤质地的不同以及盐碱危害的程度的差异，本土属分 3 个土种：耕轻白盐潮土、轻白盐潮土和中盐潮土。

①耕轻白盐潮土（俗称盐碱土）。以 08—21 剖面为本土种的典型代表。分布于鹅城镇、段家寨乡、神峪沟乡、康家会镇、丰润镇、杜家村镇等乡（镇）沿河两岸的一级阶地及河谷平川上。海拔为 1 180～1 450 米，面积为 15 874.99 亩，占总耕地面积的 2.11%。

08—21 号剖面采于段家寨乡段家寨村南偏东 20°，距离 875 米处的下河滩，海拔 1 260 米。自然植被有水稗、碱蒲公英、三棱蒲、续断、沙蓬、剪刀股等喜盐植物，农业利用方式为一年一作，主要种植作物有黑豆、胡麻、甜菜等，亩产 35～40 千克。

8—21 剖面形态特征：

0～20 厘米：棕，轻壤，屑粒，疏松多孔，土壤润，根系多。

20～43 厘米：淡棕，轻壤偏沙，块状，疏松多孔，土壤潮湿，根系中量。

43～69 厘米：栗色，轻壤，块状，土体较紧，中孔，土壤潮湿，根系少。

69～110 厘米：棕灰，沙壤，单粒，疏松多孔，土壤湿，无根系。

110 厘米：地下水。

全剖面石灰反应强烈，心土层锈纹锈斑明显。

该类型土壤土层较厚，地下水埋深 110 厘米，静水位 90 厘米，水质轻度矿化，表层有白色盐霜，无盐结皮，犁底层不明，耕性较差。

②轻白盐潮土、（俗称盐碱土）。以 16—82 号剖面为本土种的典型代表。分布于康家会镇沿东碾河两岸的河谷地上。海拔为 1 190～1 450 米，面积为 1 077.56 亩，占总耕地面积的 0.14%。

16—82 号剖面采于康家会镇康家会村北偏西 35°，距离 1 000 米处的河滩，海拔为 395 米。自然植被有蒲公英、女苑、剪刀股、荆三枝等，不为农业所利用。

16—82 号剖面形态特征：

0～12 厘米：浅褐，轻壤，块状，土体较紧，土壤湿，根系多。

12～22 厘米：灰褐，轻壤，块状，疏松，土壤湿，根系多。

22～37 厘米：灰黑褐，轻壤，块状，疏松，土壤湿，根系少。

37～45 厘米：灰蓝，沙壤，块状，疏松，土壤湿，无根系。

45 厘米以下：砂卵石，地下水。

全剖面石灰反应较强，表土、心土锈纹锈斑明显。

该类型土壤土层薄，地下水位高，地势平坦，可植树造林。

③中盐潮土（俗称盐喊土）。以 14—51 剖面为本土种的典型代表。分布于神峪沟乡、丰润镇河漫滩上，海拔为 1 140～1 250 米，面积很小，为 110.23 亩，占总耕地面积的 0.01％。

14—51 号剖面采于神峪沟乡神峪沟村北偏西 85°，距离 1 480 米处的河岸，海拔为 1 174 米。自然植被有碱蒲公英、盐吸、地兰叶等喜盐性植物。

14—51 剖面形态特征：

0～35 厘米：黄褐，轻壤，块状，土体较紧，土壤润，根系多。

35～70 厘米：褐黄，轻壤，块状，土体较紧，土壤润，根系中量。

70～120 厘米：灰白，沙壤，土体较紧，土壤润，根系少。

120 厘米以下：卵石。

全剖面石灰反应强烈。

该类型土壤土层较厚，地下水矿化度高，埋深 2 米，不为农业所利用，现为林地所占。

（二）粗骨土

分中性粗骨土和钙质粗骨土 2 个亚类，现分述如下。

1. 中性粗骨土　发育于花岗片麻岩风化的残积—坡积物母质上，面积为 30 721.38 亩，占总耕地面积的 4.09％。本亚类仅 1 个土属，为麻沙质中性粗骨土。

麻沙质中性粗骨土发育于花岗片麻岩风化的残积—坡积物母质上，面积为 30 721.38 亩，占总耕地面积的 4.09％。本土属仅 1 个土种，为薄麻渣土。

薄麻渣土（俗称山地沙土）：以 13—21 号剖面为本土种的典型代表，分布于堂尔上乡、双路乡、辛村乡、康家会镇、赤泥洼乡、娑婆乡等乡（镇），海拔为 1 440～1 620 米，面积为 30 721.38 亩，占总耕地面积的 4.09％

16—21 号剖面采于康家会镇新开岭村，北偏东 40°，距离 1 120 米处的全阳山，海拔为 1 580 米。自然植被有照山白、针茅、蒿属、野玫瑰、黄刺玫、三桠绣线菊等，覆盖度达 70％左右。

16—21 号剖面形态特征：

0～12 厘米：黄褐，沙壤，块状，土体较紧，土壤润，根系多，石灰反应较强。

12～20 厘米：灰黄，沙砾，根系少，无石灰反应。

20 厘米以下：半风化物。

2. 钙质粗骨土　发育于石灰岩风化残积—坡积物母质上，面积为 32 383.86 亩，占总耕地面积的 4.31％。本亚类仅 1 个土属，为钙质粗骨土。

钙质粗骨土发育于石灰岩风化残积—坡积物母质上，面积为 32 383.86 亩，占总耕地面积的 4.31％。按其土层厚度，本土属分 2 个土种，为薄灰渣土和灰渣土。

（1）薄灰渣土（俗称山地土）：土种代号 12，以 01—23 号剖面为本土种的典型代表，主要分布于杜家村镇、堂尔上乡、双路乡、段家寨乡、娘子神乡、康家会镇、赤泥洼乡等乡（镇）的中山地形部位，海拔为 1 600～2 000 米，面积为 28 460.78 亩，占总耕地面积的 3.79%。

以 01—23 号典型剖面来叙述本土种的形态特征，此剖面采于杜家村镇中文明村南偏西 54°，距离 1 000 米处的柴树咀，海拔为 1 920 米。自然植被有铁秆蒿、酸刺、苦坡草、珍珠梅等草本植物，覆盖度达 65%。

01—23 号剖面形态特征：

0～16 厘米：灰褐，轻壤，屑粒，疏松多孔，土壤润，根系多，石灰反应较弱。

16～30 厘米：棕黄，沙壤，屑粒，疏松多孔，土壤润，根系多，石灰反应较强。

30 厘米以下：基岩。

该类型土壤土层较薄，中度侵蚀，肥力较高，适于林、牧业的发展。

（2）灰渣土（俗称山地土）：土种代号 13，以 16—70 号剖面为本土种的典型代表，主要分布于康家会镇、神峪沟乡等乡（镇）的中山部位，海拔为 1 350～1 800 米。母质石灰岩残积、坡积和黄土母质，面积为 3 923.08 亩，占总耕地面积的 0.52%。

16—70 号剖面位于康家会镇康家会正南，距离为 3 700 米处的土坡，海拔为 1 720 米。自然植被有酸刺、青蒿、黄刺玫、荆条、照山白等草灌植被，覆盖度达 90%。

16—70 号剖面形态特征：

0～15 厘米：黄棕褐，轻壤，屑粒，土体稍紧，土壤润，根系较少，石灰反应较强。

15～28 厘米：黄棕褐，中壤，块状，土体较紧，土壤润，根系中量，石灰反应较强。

28～50 厘米：黄褐，轻壤，粒状，土体紧实，土壤润，根系少，石灰反应较强。

50 厘米以下：母岩碎片。

该类型土壤土层较厚，土壤肥力较高，底土夹有少量的砾石。

（三）褐土

该土类是在静乐县分布面积最广的一种地带性土壤。广泛分布于全县二级阶地以上的黄土丘陵、中低山、河谷平川等地区，海拔为 1 200～2 100 米。土性良好，质地均匀，耕作历史悠久，是全县的重要粮食生产基地。

褐土处于暖温半干旱的季风气候带，夏季短、高温而多雨，冬季长、寒冷而干燥，干湿交替频繁。由于土壤所处地势高，地下水位深，因而它的成土过程不受地下水影响，土层深厚，在一定深度有不同程度的黏化层，沿根系及裂隙有大量假菌丝状的碳酸钙淀积，全剖面呈微碱性反应。碳酸钙含量较多，三氧化物无明显的移动迹象。土壤胶粒呈盐基饱和状态，土体构型除表层为屑粒外，一般心土层以下为块状或核块状，主要成土母质为第四纪马兰黄土及沉积的洪积、冲积物，沟壑区有红黄土、红土质。自然植被有酸刺、山高、绣线菊、披碱、辽榛、珍珠梅、兰花棘豆，苦苣菜等草灌植被。静乐县地处褐土的北部边缘地带，是褐土向灰褐土过渡的地段，无论是成土特征、生物气候，还是剖面形态特征，均显示了其过渡的特点，所以从剖面的形态条件来看与典型的褐土相比差异很大。褐土化过程不明显，无明显的诊断层，即黏化层。因受季节风化的影响，土体中有弱黏化现象，并有白色的碳酸钙淀积。主要特征特性与灰褐土相近。土层深厚而发育层次不明显，心土层黏化作用甚微，土色淡黄，土性松散，质地细。全剖面石灰反应强烈，pH 呈微碱性反应，农业利用方式为一年一作。主要种植作物以谷子、糜黍、莜麦、山药为主，另有少量玉米、高粱。根据附加的成土过程，本土类分为淋溶褐土、褐土性土和石灰性褐土 3 个亚类。

1. 淋溶褐土　该亚类分布于棕壤下限，是褐土土类中分布海拔最高的 1 个亚类，海拔为 1 700～2 100 米。面积为 17 377.47 亩，占总耕地面积的 2.31%，在全县各个乡（镇）的土石山区均有分布。阴坡常与棕壤、阳坡与山地褐土呈复域分布。但自然植被乔木明显减少，以草灌为主，主要有桦树、山杨、榛子、野刺玫、铁秆蒿、酸刺等，覆盖度为 60%～80%。由于覆盖度较好，水分充足，具有较明显的淋溶作用，土壤中的碳酸钙被淋溶，但钙积层因土层薄而消失（在土层较厚的地方底土也有不明显的钙积层）。表层盐分被淋溶，呈不饱和状态，pH 趋于中性反应，全剖面无石灰反应，（底土可能受母岩的影响而出现微弱的反应）。由于自然植被主要以草灌为主，所以地表枯枝落叶层较薄，阳坡地段因植被稀疏，一般无枯枝落叶层，为此腐殖质层薄厚不等，按其母质类型的不同本亚类分 3 个土属：麻沙质淋溶褐土、灰泥质淋溶褐土、黄土质淋溶褐土。

（1）麻沙质淋溶褐土：发育于花岗片麻岩风化的残积—坡积物母质上，面积为 13 171.76 亩，占总耕地面积的 1.75%。按其土层厚度，本土属分 2 个土种。

①麻沙质淋土（俗称山地土）。以 17—79 号剖面为本土种的典型代表，分布于堂尔上乡、王村乡、康家会镇、娑婆乡等乡（镇）的中山上部，海拔为 1 700～2 100 米。母质为花岗片麻岩残积、坡积物加加黄土母质，面积为 4 291.61 亩，占总耕地面积的 0.57%。

17—79 号剖面采于娑婆乡会子湾西沟岩，位于枪杆村正北 750 米处，海拔为 1 760 米。自然植被有铁秆蒿、酸刺、野刺玫、羊葫等草木植被，覆盖度为 80%～90%。

17—79 号剖面形态特征：

0～19 厘米：灰褐，沙壤，屑粒，土体较紧，土壤稍润，植物根多，无石灰反应。

19～42 厘米：棕褐，沙壤，块状，土体紧实，土壤稍润，植物根少，无石灰反应。

42～61 厘米：母岩半风化物。

61 厘米以下：基岩。

该类型土土层较厚，肥力较高，是全县理想的宜林、宜牧地。

②薄麻沙质淋土（俗称山地土）。以 07—04 剖面为本土种的典型代表，分布于双路乡、段家寨乡、辛村乡、赤泥洼乡、娑婆乡等乡（镇）的中高山上部，海拔为 1 800～2 100 米。母质为花岗片麻岩残积、坡积物和黄土母质，面积为 8 880.15 亩，占总耕地面积的 1.18%。

07—04 号剖面采于段家寨乡石门子西沟岩上，位于 2 066 米高程点正南，距离 250 米处。自然植被有酸刺、针茅等草灌植物，覆盖度达 70%～80%。

07—04 号剖面形态特征：

0～1 厘米：枯枝落叶层。

1～10 厘米：棕灰，轻壤，屑粒，疏松多孔，土壤湿润，植物根多。

10～29 厘米：棕灰，轻壤，屑粒，疏松少孔，土壤湿润，植物很少量。

29 厘米以下：母岩碎片。

本类型土壤，土层瘠薄，但地势较缓，肥力高，适宜发展林牧业。

（2）灰泥质淋溶褐土：发育于石灰岩风化残积—坡积物母质上，面积为 3 552.33 亩，占总耕地面积的 0.47%。按其土层厚度，本土属分 2 个土种。

①灰泥质淋土，（俗称山地黑土）。以 19—06 号剖面为本土种的典型代表，主要分布于杜家村镇、中庄乡、双路乡、娘子神乡、赤泥洼乡、康家会镇等乡（镇）的中高山上部，海拔为 1 700～2 100 米。母质为石灰岩残积、坡积物和黄土母质，面积为 3 087.95 亩，占总耕地面积的 0.41%。

19—06 剖面采于赤泥洼乡安家庄，位于土地堂北偏西 10°，距离 200 米处的大华艾背上，海拔 2 050 米。自然植被主要有酸刺、针茅、蒿属等草灌植被和一些人工种植的落叶松、油松乔木植被，覆盖度在 20% 以上。

19—06 号剖面形态特征：

0～10 厘米：棕褐，轻壤，粒状，土体较紧，土壤稍润，根系多。

10～27 厘米：浅灰褐，轻壤，块状，土体紧实，土壤稍润，根系多。

27～35 厘米：黑褐，轻壤，块状，土体紧实，土壤稍润，根系中量。

35 厘米以下：母岩。

该类型土壤土层较厚，土壤湿润，气候凉爽，自然植被覆盖度较好，但侵蚀较重，经过合理的治理，今后为全县发展林业的重要基地。

②薄灰泥质淋土，（俗称山地土）。以 02—10 号剖面为本土种的典型代表，分布于杜家村镇土石山区的中山上部，海拔为 1 800～2 100 米，母质为石灰岩质残积、坡积物和黄土母质，面积为 464.38 亩，占总耕地面积的 0.06%。

02—10 号剖面采于杜家村镇大汉沟南偏东 38°，距离 1 030 米处的北岔，海拔为 1 940 米。自然植被有白桦、野刺玫等零星的乔木和草灌植被，覆盖度达 90%。

02—10 号剖面形态特征：

0～2 厘米：枯枝落叶层。

2～6 厘米：灰褐，轻壤，团粒，疏松多孔，土壤潮湿，根系多。

6～28 厘米：棕褐，重壤，块状，疏松多孔，土壤潮湿，根系多。

28～50 厘米：半风化物。

50 厘米以下：母岩。

该类型土壤土层较薄，地势较缓，侵蚀较轻，肥力较高，适宜林、农业发展。

（3）黄土质淋溶褐土：发育于黄土母质上，面积为 653.38 亩，占总耕地面积的 0.09%。按其土层厚度划分 1 个土种，为黄淋土。

黄淋土，（俗称山地黄土）。以 04—53 号剖面为本土种的典型代表、主要分布于双路、康家会、赤泥洼等乡（镇），海拔 1 800～2 100 米的山地。

04—53 号剖面，采于中庄乡红崖上南偏东 40°，距离 1 600 米的辛家洼，海拔为 1 900 米。自然植被主要有酸刺、兰花棘豆、针茅、蒿属等草灌植被，覆盖度 90% 左右。

04—53 号剖面形态特征：

0～5 厘米：浅褐，轻壤，块状，土体稍紧，土壤润，植物根少。

5～18 厘米：浅棕褐，轻壤，块状，土体稍紧，土壤潮湿，根系少。

18～41 厘米：棕褐，轻壤，块状，土体稍紧，土壤潮湿，根系少。

41～54 厘米：深褐，轻壤，块状，土壤潮湿，根系少。

54～68 厘米：棕红，轻壤，块状，土体稍紧，土壤潮湿，根系少。

68 厘米以下：母岩。

该类型土壤土层较厚，坡度较大，侵蚀严重，底土夹有少量的砾石碎片，但土壤肥力较高，适宜林业发展。

2. 褐土性土 该土在静乐县大多数乡（镇）均有分布，位于淋溶褐土下限，海拔为 1 300～2 000 米。面积为 630 017.85 亩，占总耕地面积的 83.92%，也常与淋溶褐土呈复域分布。发育于石灰岩、砂页岩、花岗片麻岩等风化的残积—坡积物母质上。也有处于地势较高的黄土母质。自然植被类型以草灌为主，乔木数量极少，几乎没有，主要有三桠绣线菊、黄刺玫、榛子、针茅、铁秆蒿等草灌植被。由于植被是以草本为主，自然覆盖率很低，因此地表枯枝落叶层很薄或无。

该土在气温较高、降水偏少的气候条件下发育，土壤中好气性微生物活动旺盛，有机质分解迅速，积累较少。心土层有微弱的黏粒移动现象，极少数的假菌丝体。由于该土含水量减少，所以，淋溶作用微弱，盐基得不到充分淋洗，全剖面均有石灰反应。pH 呈微碱性，并有少量或中量的丝状、霜状白色假菌丝体。黄土母质上发育的土壤，土层深厚，质地均匀；岩石风化母质上发育的土壤，土层薄，土体中夹有数量不等的砾石，由上而下逐渐增多。

根据母质和生产利用方式的不同，本亚类分 6 个土属，麻沙质褐土性土、沙泥质褐土性土、灰泥质褐土性土、黄土质褐土性土、红黄土质褐土性土和沟淤褐土性土。

（1）沙泥质褐土性土：发育于砂页岩风化物的残积—坡积物母质上，面积为 13 487.19 亩，占总耕地面积的 1.8%。按其土层厚度本土属只分 1 个土种，为薄沙泥质立黄土。

薄沙泥质立黄土（俗称山地土）。以 07—32 号剖面为本土种的典型代表，主要分布于杜家村、中庄、段家寨等乡（镇）的低山中上部，海拔 1 450～1 800 米。面积为 13 487.19 亩，占总耕地面积的 1.80%。

07—32 号剖面采于段家寨乡砚子村高程点 1 635 米正北，距离 1 500 米处计咀岩，海拔 1 600 米。自然植被有铁秆蒿、黄刺玫、三桠绣线菊等，覆盖度在 40%～50%。

07—32 号剖面形态特征：

0～16 厘米：棕灰，轻壤，屑粒，疏松多孔，根系多，石灰反应强烈。

16 厘米以下：母岩碎片。

该类型土土层瘠薄，水土流失严重，但土壤肥力较高，适宜林业发展。

（2）黄土质褐土性土：发育于黄土母质上，面积为 560 435.26 亩，占总耕地面积的 76.65%，分布于除杜家村镇、堂尔上乡外其他各乡（镇）的黄土丘陵和沟壑地带。根据表土质地的差异和土壤间层厚度及部位的不同，本土属分 3 个土种，为立黄土、耕立黄土和垣坡立黄土。

①垣坡立黄土（俗称山地黄土）。以 18—72 号剖面为本土种的典型代表，分布于赤泥洼乡低山中部地带。海拔为 1 400～1 600 米，面积为 2 147.33 亩，占总耕地面积

的 0.29%。

18—72 号剖面采于赤泥洼乡横山正北，距离 2 000 米处，大水洞畔，海拔为 1 500 米。自然植被主要有披碱草、醋柳、蒿属、针茅等草灌植被，覆盖度达 70% 左右。

18—72 号剖面形态特征：

0～23 厘米：灰黄，轻壤，块状，土体紧实，土壤稍润，根系多，石灰反应强烈。

23～62 厘米：浅灰黄，轻壤，块状，土体紧实，土壤润，根系中量，石灰反应强烈。

62～91 厘米：浅黄，轻壤，块状，土体紧实，土壤润，根系中量，石灰反应强烈。

91～123 厘米：浅黄，轻壤，块状，土体紧实，土壤润，根系少，石灰反应强烈。

123～150 厘米：浅黄，轻壤，块状，土体紧实，土壤润，根系少，石灰反应强烈。

心土层有中量的丝状碳酸钙淀积。

该类型土土层深厚，因荒多年、不耕种，应大搞植树造林，扩大林业面积或人工种草，发展牧业。

②立黄土（俗称黄土）。以 11—49 号剖面为本土种的典型代表。分布于王村、鹅城、丰润等乡（镇）的丘陵中、上部，海拔为 1 300～1 600 米，面积为 480.49 亩，占总耕地面积的 0.06%。

11—19 号剖面采于王村乡下王村南偏东 23°，距离 3 800 米处的坪子洼岇，海拔为 1 492 米。自然植被有针茅、酸刺、蒿属等草本植物及人工营造油松幼林，覆盖度达 50%。

11—19 号剖面形态特征：

0～32 厘米：灰黄，轻壤偏沙，碎块，土壤紧实，土壤干旱，根系多，石灰反应强烈。

32～80 厘米：浅黄，轻壤，块状，土壤紧实，稍润，根系中量，石灰反应强烈，并有中量的丝状或粉状的碳酸钙淀积。

80～129 厘米：棕黄，轻壤，块状，土体紧，土壤润，根系少，石灰反应强烈，并有少量的丝状或粉状碳酸钙淀积。

129～150 厘米：棕黄，轻壤，块状，土体紧实，土壤润，根系少，石灰反应强烈，并有少量的丝状、粉状碳酸钙淀积。

该类型土壤所处地形坡度大，切沟深而密，地面破碎，水土流失严重，目前大部分为荒地，少量轮荒种植。其土壤较紧实，肥力一般。可植树造林，种草养畜。

③耕立黄土（俗称黄土）。以 06—36 剖面为本土种的典型代表，分布面积极大，该土为全县的重要农业用地，主要分布于中庄、双路、辛村、鹅城、娘子神、西坡崖、神峪沟、丰润等乡（镇）的黄土丘陵上，海拔为 1 200～1 600 米，面积为 557 807.44 亩，占总耕地面积的 74.3%。

以娘子神乡安家梁 15—62 号剖面叙述本土种的形态特征，该剖面采于娘子神乡安家梁南偏东 57°，距离 860 米处的斜梁岇，海拔为 1 500 米。自然植被有狗尾草、蒿属、针茅等草本植物，农业利用方式为一年一作。主要种植作物为筱麦、山药、豆类等轮作，产量不高。一般亩产 50 千克左右。

15—62 号剖面形态特征：

0～13 厘米：灰黄，轻壤，屑粒状，耕作层疏松多孔，土壤稍润，根系多。

13~40厘米：褐黄，轻壤，块状，犁底层土体紧实，土壤稍润，根系多。

40~80厘米：褐黄，轻壤，块状，心土层土体紧实，土壤稍润，根系中量。

80~120厘米：暗黄，轻壤，块状，心土层土体紧实，土壤润，根系少。

120~150厘米：暗黄，轻壤，块状，底土层土体较紧，土壤润，无根系。

全剖面石灰反应强烈，犁底层以下出现多量的白色粉状假菌丝体。

此土土层深厚，有程度不同的水土流失，耕性良好，疏松多孔，土壤干旱，地势起伏不平。

（3）麻沙质褐土性土：发育于花岗片麻岩风化的残积—坡积物母质上，面积为7 902.50亩，占总耕地面积的1.05%。按其耕作熟化程度，本土属分为2个土种，为麻沙质立黄土和耕麻沙质立黄土。

麻沙质立黄土不是耕作土壤，未进行土壤剖面检测。

①耕麻沙质立黄土（俗称黄砂土）。以17—56号剖面为本土种的典型代表，分布于婆婆乡的部分山区，海拔为1 800~1 900米，母质为花岗片麻岩残积、坡积物，上覆黄土，面积为480.04亩，占总耕地面积的0.06%。

17—56号剖面采于婆婆乡漫岩南偏东40°，距离1 000米处的砚湾边，海拔为840米。自然植被有甜苣菜，沙蓬，白草等草灌植被，农业利用方式为一年一作，主要种植作物有筱麦、豌豆，亩产不到50千克。

17—56号剖面形态特征：

0~17厘米：淡褐黄，轻壤，屑粒，疏松多孔，土壤润，根系多，石灰反应弱。

17~70厘米：黄红，沙壤，块状，土体较紧，土壤润，多孔，无石灰反应。

70厘米以下：母岩半风化物。

该类型土层薄，肥力低，水土流失严重，土壤熟化程度差，不适宜农业耕种，应退耕还林种草养畜。

（4）灰泥质褐土性土：发育于石灰岩风化的残积—坡积物母质上，面积为8 533.40亩，占总耕地面积的1.14%。按其土层厚度，本土属分1个土种，为耕薄灰泥质立黄土。

耕薄灰泥质立黄土（俗称山地土）。主要分布于堂尔上乡的部分中山上部，海拔为1 800~2 000米，面积为770.65亩，占总耕地面积的0.10%。

以03—14号剖面为本土种的典型代表，剖面采于堂尔上乡梅洞沟南偏西10°，距离300米处的上林畔，海拔为1 980米。自然植被主要有酸刺、山杨、黄芪、铁秆蒿等。农业利用方式为一年一作，主要种植作物为筱麦、豌豆、山药，亩产不到50千克。

03—14号剖面形态特征：

0~11厘米：灰褐，轻壤，屑粒，疏松中孔，土壤润，根系多，石灰反应弱。

11~30厘米：棕黄，轻壤，屑粒，土体紧实，中孔隙，土壤潮湿，根系多，石灰反应强烈。

30~67厘米：沙砾。

67厘米以下：母岩。

通体砾石含量较多。

该类型土耕性一般，土壤肥力较高，土层薄，不适宜农业利用，应退耕还林。

（5）红黄土质褐土性土：发育于黄土母质上，面积为925.50亩，占总耕地面积的0.12%。按其表土质地的不同，本土属分2个土种：二合红立黄土和耕二合红立黄土。

①耕二合红立黄土（俗称胶泥土）。以09—55号剖面为本土种的典型代表。主要分布于辛村乡、丰润镇的丘陵下部及垴地上，海拔为1 200～1 400米，面积为644.24亩，占总耕地面积的0.09%。

09—55号剖面采于辛村乡辛村，在马圈滩北偏东10°，距离130米处。海拔为1 310米。自然植被有青芥、狗尾草、香草、刺苋、芦苇等。农业利用方式为一年一作，主要种植山药、谷子、糜、黍，小面积种植玉米。

09—55号剖面形态特征：

0～24厘米：红黄，中壤，屑粒，碎块，疏松多孔，土壤稍润，根系多，石灰反应强烈。

24～60厘米：淡棕红，中壤，块状，土体紧实，土壤润，根系多，石灰反应强烈。

60～89厘米：淡红黄，中壤，块状，土壤紧实，土壤润，根系中量，石灰反应强烈。

89～123厘米：淡棕红，中壤块状，土壤紧实，土壤润，根系少，石灰反应强烈。

123～150厘米：淡红，中壤，块状，土壤紧实，土壤润，无根系，石灰反应强烈。

心土、底土有少量的丝状假菌丝体。

该类型土体湿润，土层深厚，耕性差，通透性差，土壤肥力低。

②二合红立黄土（俗称胶泥土）。以13—64号剖面为本土种的典型代表，分布于鹅城镇黄金山的丘陵上部，海拔为1 300～1 500米，面积很少，仅281.26亩，占总耕地面积的0.04%。

13—64号剖面采于鹅城镇黄金山北偏西30°，距离600米处的羊窑屹湾，海拔为1 400米。自然植被有蒿属、针茅等草本植物，覆盖度为20%～30%。目前为荒坡，草高5～10厘米。

13—64号剖面形态特征：

0～24厘米：黄棕，中壤，碎块，土壤紧实，土壤稍润，根系多，石灰反应强烈。

24～70厘米：红棕，中壤，块状，土壤坚硬，土壤干旱，根系少，石灰反应强烈，夹有中量的料姜。

70～107厘米：棕，中壤块状，土壤坚硬，土壤干旱，根系少，石灰反应强烈。

107～150厘米：红褐，中壤块状，土体坚硬，无根系，石灰反应强烈。

该类型土壤紧实致密，垦殖困难，现为荒地，土壤通透性差，孔隙少，生物活动微弱，水蚀严重，肥力低、所处地形坡度大。可修整为人工草地。

（6）沟淤褐土性土：发育于淤积母质上，面积为38 734.00亩，占总耕地面积的5.16%。由于暴雨冲刷、洪水携带，经人为淤垫、耕种培育而成的土壤。水源方便，水分状况良好，具有一定抗旱能力，加之淤积物多，水、肥、土汇集，故有较好的地力。所以该土也是静乐县农业的主要粮田，由于沟淤的母质不同，使土壤的颜色、质地、结构均有差异，剖面发育明显，土层厚薄不一。底土层多为砂卵石，土体多夹有数量不等的砾石。依据母质类型、土层厚度、质地和砾石含量及所处部位和厚度的不同，本土属分4个土种：沟淤土、底砾沟淤土、夹砾沟淤土、荒沟淤土。

①沟淤土（俗称淤垫土）。以09—71号剖面为本土种的典型代表，分布于段家寨、辛村等乡（镇）的沟谷地带，海拔为1 350～1 500米，面积为7 929.50亩，占总耕地面积的1.06%。

09—71号剖面采于辛村乡东马坊南偏东51°，距离820米处的圩田，海拔为1 500米。自然植被有灰菜、甜黄菜、续断等草本植物，农业利用方式为一年一作，主要种植作物有山药、糜黍、豆类等耐瘠薄作物，亩产50千克左右。

09—71号剖面形态特征：

0～18厘米：浅灰褐，轻壤，屑粒，疏松，多孔，土壤稍润，根系多，石灰反应强烈。

18～30厘米：棕黄，沙壤，块状，土体紧实，少孔，土壤润，根系多，石灰反应强烈。

30厘米以下：母岩。

该类型土壤耕性良好，土层薄，肥力低，漏水漏肥严重，不适宜农业生产利用，应退耕还林。

②底砾沟淤土（俗称淤土）。以16—78号剖面为本土种的典型代表。分布于康家会、双路、王村、鹅城、神峪沟、丰润等乡（镇）的沟谷坪地上，海拔为1 300～1 500米，母质为洪积—淤积物，面积为22 926.35亩，占总耕地面积的3.05%。

16—78号剖面采于康家会镇康家会，北偏东80°，距离1 150米处的天平庙，海拔为1 407米，自然植被有狗尾草，燕燕草、青草、沙篷等，农业利用方式为一年一作，亩产75千克。

16—78号剖面形态特征：

0～13厘米：黄褐，沙壤，屑粒，疏松，土壤润，根系多，石灰反应强烈。

13～30厘米：褐黄，沙壤，块状，土壤较紧，土壤润，根系略少，有少量砾石，石灰反应强烈。

30～60厘米：灰褐，沙壤，块状，土壤较紧，土壤润，根系略少，有少量砾石，石灰反应强烈。

60～77厘米：灰褐，沙壤，块状，土壤较紧，土壤润，根系略少，砾石含量增多，石灰反应较强。

77厘米以下：砂卵石。

该类型土壤，土层较薄，底部有卵石层，保水保肥性能差，为中、下等地。

③夹砾沟淤土（俗称淤土）。以11—09号剖面为本土种的典型代表。分布于双路、王村等乡（镇）沟坪地上，海拔为1 200～1 400米。母质为洪积—淤积物，面积为6 242.08亩，占总耕地面积的0.83%。

11—09号剖面采于王村乡水草会村南偏东45°，距离500米处的二河滩，海拔为1 300米。自然植被有苦苣菜、灰菜、水稗等，农业利用方式为一年一作，亩产50千克。

11—09号剖面形态特征：

0～15厘米：灰褐，轻壤，屑粒，疏松，土壤稍润，根系多，石灰反应强烈。

15～35厘米：黄褐，轻壤，块状，土体紧实，土壤润，根系略少，石灰反应强烈。

35 厘米以下：砂卵石。

该类型土壤，土层薄、土性好、易耕期长，但耕层下有卵石层，保水肥性能差。

④荒沟淤土（俗称淤垫土）。以 09—18 号剖面为本土种的典型代表。分布于辛村乡沟谷人工堆垫土上。海拔为 1 350～1 500 米，面积为 1 636.07 亩，占总耕地面积的 0.22%。

09—18 号剖面采于辛村乡马尾沟村南偏东 36°，距离 800 米处的圪老湾，海拔为 1 420 米。自然植被有车前子，羊耳朵，青芥、甜苣菜等，母质为人工堆垫物，37 厘米以下可见到卵石，农业利用方式为一年一作，种植作物种类较多，亩产 50 千克左右。

09—18 号剖面形态特征：

0～15 厘米：灰黄、轻壤、屑粒、疏松多孔，土壤润，根系多，石灰反应强烈。

15～37 厘米：浅黄、轻壤、块状、土体稍紧，多孔，土壤润，根系多，石灰反应强烈。

37 厘米以下：卵石。

该类型土壤土层薄，其下为卵石层，漏水漏肥严重，但表土耕性良好。应增施有机肥，加厚土层、提高肥力。

3. 石灰性褐土　该亚类分布在汾河流域二级阶地上，呈断续分布，海拔为 1 140～1 150 米。面积为 10 027.39 亩，占总耕地面积的 1.34%。

该土所处地势平坦，无水蚀现象，生产条件好，年降水量为 400～500 毫米，年平均气温 7～10℃，冬春寒冷、夏秋高温多雨，是受生物气候影响而形成的一种地带性土壤。其特点是：土体干旱，淋溶作用弱，心土层出现一层浅褐色轻壤偏中壤质地不太明显的黏化层。全剖面以轻壤为主，土壤由上而下逐渐紧实，并有少量的砾石侵入，钙积作用微弱，与黏化层同层分布，钙积形态为假菌丝体状。全剖面石灰反应强烈，pH 呈微碱性反应。由于地势平坦，土层较厚，交通方便，培肥好，具有一定的灌溉条件，是静乐县沿汾河几个乡（镇）的主要粮食生产基地。母质为第四纪马兰黄土经过水力和风力作用而沉积的黄土状物质。成土过程不受地下水影响。根据母质类型的不同，本亚类分 1 个土属，为黄土状石灰性褐土。

黄土状石灰性褐土发育于黄土状母质土，面积为 10 027.39 亩，占总耕地面积的 1.34%，依据土壤表层质地的不同，本土属分 2 个土种：深黏黄垆土、底砾黄垆土。

①深黏黄垆土，（俗称黄土）。以 08—22 剖面为本土种的典型代表，分布于段家寨、鹅城、神峪沟等乡（镇）的二级阶地上，海拔为 1 190～1 250 米，面积为 9 662.21 亩，占总耕地面积的 1.29%。

以神峪沟乡神峪沟村 14—54 号剖面来说明本土种的形态特征。剖面采于神峪沟乡神峪沟村北偏西 50°，距离 600 米处，海拔为 1 200 米。自然植被有狗尾草、蒿属等草本植物。农业利用方式为一年一作，主要种植作物为山药、谷子、豆类和玉米。

14—54 号剖面形态特征：

0～18 厘米：黄褐，轻壤，屑粒，疏松，土壤润，根系多，石灰反应强烈。

18～36 厘米：淡褐，轻壤，块状，土体紧实，土壤润，根系中量，石灰反应强烈。

36～80 厘米：淡黄，轻壤块状，土体紧实，土壤润，根系中量，石灰反应强烈。

80～110厘米：棕黄，轻壤，块状，土体紧实，土壤润，根系中最，石灰反应强烈。

110～150厘米：黄棕，轻壤，块状，土体紧实，土壤润，根系中量，石灰反应强烈。

该类型土壤土层深厚，保水肥性能强，水源丰富，但灌溉渠系不配套，施肥水平低。今后应加强农田建设，充分利用水源，增施农肥，提高肥力。

②底砾黄垆土，（俗称黄沙土）。以20—12号剖面为本土种的典型代表。分布于丰润镇的二级阶地上，海拔为1 140～1 200米，面积为365.18亩，占总耕地面积的0.05%。

20—12号剖面采于丰润镇丰润村南偏西86°，距离250米处的马头上，海拔为1 150米，自然植被有菅草、绵蓬等。农业利用方式为一年一作，主要种植作物为糜黍、谷子、山药、豆类等，亩产125千克。

20—12号剖面形态特征：

0～16厘米：灰黄，轻壤，团粒，疏松多孔，土壤润，根系多，石灰反应强烈。

16～63厘米：淡灰黄，轻壤，碎块，土体紧，土壤润，根系中量，石灰反应强烈。

63～90厘米：淡灰黄，轻壤，块状，土体紧，土壤润，根系中量，石灰反应强烈。

90～110厘米：淡灰黄，轻壤，块状，土壤润，根系少，石灰反应强烈。

全剖面均有少量的砾石侵入。

该类型土壤土层较厚，土性柔和，但有漏水漏肥现象，作物生长前期好，后期肥力供应不足。今后应加厚土层，增施肥料，提高土壤肥力、促进农业生产。

（四）棕壤

本土类主要分布于杜家村、堂尔上、段家寨等乡（镇）的高山针阔叶林地，海拔为1 900～2 421米。阳坡常与淋溶褐土呈复域分布，该土类是静乐县的主要林地土壤。

该土是在针阔叶混交林及相应的草灌植被覆盖下发育的，气候特点：夏季低温多雨，冬季寒冷多雪，冰冻期长。主要植被有落叶松、油松、白桦等乔木，草灌植被多为苔藓、辽榛、苦坡草、六道子、胡棒、荆条、紫丁香、黄刺玫、牛毛毡、石竹等。具有乔木、灌木、草本3层植被组成。母质多为岩石风化的残积、坡积物。其成土过程，由于植被茂密、光照不足、气候湿润，枯枝落叶层的分解过程缓慢，有机质大量积累，年复一年形成了较厚的枯枝落叶层，拦截积蓄了大量的大气降水，使土壤长期保存了相当的水分，土体得以充分的淋溶，碳酸盐及其他矿物质向下移动。表层枯枝落叶在微生物的作用下形成了腐殖质返还给土壤，这些有机酸和有机物在一起使土壤呈棕色。同时，土体表面的铁、锰被氧化淋溶到心土和底土，还原淀积形成铁锰胶膜，使该土形成了特殊的森林土壤—棕壤。

其特点有4个：①表层有未分解或半分解的枯枝落叶层，厚为3～15厘米。②枯枝落叶层下有腐殖质层，呈灰黑色或棕灰色。③其下有核状或块状淀积的棕色铁锰胶膜。④全剖面无石灰反应，pH呈微酸性反应。一般为7.2～7.5。

本土类按其附加的成土过程，可分为棕壤和棕壤性土2个亚类。

1. 棕壤 该类型土壤是本土类中的典型亚类，其面积有2 322.90亩，占总耕地面积的0.31%。主要分布在杜家村、堂尔上、段家寨等乡（镇）。是在针阔叶混交林下发育的土壤，表层有较厚的枯枝落叶层，其成土过程与棕壤土类基本相似。根据母岩类型的不同，本亚类分为灰泥质棕壤、麻沙质棕壤2个土属。

（1）灰泥质棕壤：发育于石灰岩（残积—坡积物）和黄土母质上，面积为 2 017.95 亩，占总耕地面积的 0.27％。按其厚度本土属可分 1 个土种，为灰泥质林土。

灰泥质林土（俗称黑垆土）。以 02—09 剖面为本土种的典型代表，主要分布于杜家村、段家寨等乡（镇）的高山缓坡上，海拔为 1 800～2 421 米，面积为 2 017.95 亩，占总耕地面积的 0.27％。

02—09 号剖面采于杜家村镇大汉沟南偏东 23°、1 230 米处的南岔，海拔为 2 050 米。自然植被主要有落叶松、油松、苦坡草、六道子等乔木和灌木植被，覆盖度达 95％。

02—09 号剖面形态特征：

0～5 厘米：枯枝落叶层。

5～10 厘米：黑褐，质地轻壤，团粒结构，土体疏松，多孔隙，土壤潮湿，植物根多。

10～22 厘米：棕黑褐，质地轻壤，团粒结构，土体疏松，土壤湿潮，植物根多。

22～40 厘米：棕黑褐，质地轻壤，屑粒结构，土体稍紧，土壤潮湿，植物根多。

40～70 厘米：黄棕，质地轻壤，屑粒结构，土体稍紧，孔隙多，土壤潮湿，植物根多。

70 厘米以下：基岩。

本类型土壤应无石灰反应，但因受基岩的影响，底土层有极微弱的石灰反应。该土层厚，肥力高，无侵蚀。

（2）麻沙质棕壤：发育于花岗片麻岩残积、坡积物和黄土母质上，面积为 304.95 亩，占总耕地面积的 0.04％。按其土层厚度，本土属分 1 个土种，为麻沙质林土。

麻沙质林土（俗称黑垆土）。以 07—05 号剖面为本土种的典型代表，主要分布在堂尔上、段家寨等乡（镇）的高山缓坡上，海拔为 1 800～2 400 米，面积为 304.95 亩，占总耕地面积的 0.04％。

07—05 号剖面采于段家寨乡石门子的西山梁顶，以高程点 2 065 米为准，正东 125 米处，海拔为 1 800 米。自然植被有落叶松、白桦和一些草本植物，覆盖度在 95％以上。

07—05 号剖面形态特征：

0～5 厘米：枯枝落叶层。

5～18 厘米：黑色，质地轻壤，团粒结构，多孔隙，土体润，植物根多。

18～40 厘米：红棕，质地轻壤，屑粒结构，中孔隙，土体润，植物根不多。

40 厘米以下：母岩碎片。

本类型土壤所处区域气候凉爽，土层较厚，肥力高，适宜针叶林的发展。

2. 棕壤性土 该亚类分布在静乐县海拔为 2 000～2 300 米的高山上，面积为 3 924.43亩，占总耕地面积的 0.52％。与山地棕壤呈复域分布，坡度较陡，植被覆盖较差，土体中母岩碎片较多的地区。其特征是：侵蚀严重，土层瘠薄，质地较粗，部分地方岩石裸露，养分缺乏，看不到完整的剖面形态特征，土体中无明显的棕壤特性，土壤层次发育不明显，表土、心土夹有少量的碎屑砾石。其成土过程由于侵蚀严重，矿质元素流失，有机质不能正常积累，是一种发育较差的土壤。主要植被有黄芪、黄芩、龙胆、桔梗、铁秆蒿等草灌植被。根据母岩类型的不同，本亚类分 2 个土属，灰泥质棕壤性土、麻沙质棕壤性土。

（1）灰泥质棕壤性土：发育于石灰岩风化物残积—坡积物母质上，面积为 3 025.09 亩，占总耕地面积的 0.4%。按其土层厚度和耕作熟化程度，本土属分 3 个土种，薄灰泥质棕土、灰泥质棕土和耕灰泥质棕土。

①薄灰泥质棕土（俗称山地土）。以 03—10 号剖面为本土种的典型代表，主要分布在堂尔上乡的中高山陡坡上，母质为石灰岩残积、坡积物和黄土，海拔为 2 000～2 300 米，面积为 889.81 亩，占总耕地面积的 0.12%。

03—10 号剖面采于堂尔上乡拖水渠村北偏东 44°、900 米处的大脊山，海拔为 2 100 米，自然植被有灰蒿、黄芪、桔梗、铁秆蒿等草灌植物，覆盖度很低，在 15% 左右。

03—10 号剖面形态特征：

0～10 厘米：灰褐，轻壤，屑粒，土体稍紧，土壤干旱，植物根多。

10～30 厘米：灰褐黄，中壤，块状，土体紧实，土壤稍润，植物根中量。

30 厘米以下：基岩。

该类型土土层瘠薄，底土夹有少量的砾石，但肥力较高，适宜林、牧业并重发展。

②灰泥质棕土（俗称黑土）。以 06—12 号剖面为本土种的典型代表，主要分布于堂尔上、双路、娘子神、婆婆等乡（镇）的中高山部位，海拔为 1 800～2 300 米，面积为 848.59 亩，占总耕地面积的 0.11%。

06—12 号剖面采于双路乡石栈（碊）村南偏东 40°、3 000 米处的西顶上，海拔为 2 133米，自然植被有零星分布的落叶松、油松及牛毛毡、蒿属等，覆盖度达 80% 左右。

06—12 号剖面形态特征：

0～3 厘米：枯枝落叶层。

3～8 厘米：棕褐，轻壤，团粒状结构，土体稍紧，多孔隙，土壤润，植物根多。

8～20 厘米：灰棕褐，轻壤，屑粒，土体稍紧，多孔隙，土壤润，植物根多。

20～35 厘米：灰褐，轻壤，屑粒，土体紧实，多孔隙，植物根多。

35 厘米以下：母岩。

该类型土壤肥力高，土层较厚，是静乐县的主要宜林基地。

③耕灰泥质棕土（俗称"黑土"）。土种代号 4，以 03—15 号剖面为本土种的典型代表，在堂尔上乡呈零星分布，面积小，1 286.69 亩，仅占总耕地面积的 0.17%。地形为中高山上部，海拔为 1 900～2 200 米。

03—15 号剖面采于堂尔上乡梅洞沟村南偏东 50°、825 米处的小背子岩，海拔为 2 100 米。自然植被有铁秆蒿、荆条、苦坡草等一些草灌植被。

03—15 号剖面形态特征：

0～20 厘米：灰褐，轻壤，屑粒，疏松，多孔，土壤润，植物根多。

20～40 厘米：褐黑，轻壤，团粒，疏松，多孔，土壤潮湿，植物根中量。

40～90 厘米：褐黑，轻壤，屑粒，疏松，多孔，土壤潮湿，植物根中量。

90 厘米以下：母岩。

本类型土壤目前被农业利用，一年一作，主要种植作物有莜麦、山药等一些耐瘠薄、耐寒作物，亩产 100 千克。土壤肥力高，但坡度大，侵蚀较重，不适宜农业耕种，应退耕还林还牧，扩大林业面积或牧坡面积。

（2）麻沙质棕壤性土：发育于花岗片麻岩风化物残积—坡积物母质上，面积为899.34亩，占总耕地面积的0.12％。按其土层厚度，本土属分为1个土种，薄麻沙质棕土。

薄麻沙质棕土（俗称"山地土"）。以03—36号剖面为本土种的典型代表，主要分布于堂尔上乡的中高山陡坡上，母质为花岗片麻岩残积、坡积物和黄土，海拔为2 000～2 200米，面积899.34亩，占总耕地面积的0.12％。

03—36号剖面采于堂尔上乡西沟北偏东50°、1 160米处的罩山背，海拔为2 130米。自然植被有铁秆蒿、三桠绣线菊、酸刺等草灌植被，覆盖度15％。

03—36号剖面形态特征：

0～20厘米：灰褐，沙壤，屑粒，土体稍紧，多孔隙，土壤稍润，植物根多。

20厘米以下：母岩半风化物。

该类型土壤，土层瘠薄，大部地区岩石裸露，但土壤肥力高，宜植树造林，土层较厚处适种黄芪等药材。

第二节　有机质及大量元素

土壤大量元素背景值的表达方式以各统计单元养分汇总结果的算术平均值和标准差来表示，分别以单体N、P、K表示。表示单位：有机质、全氮用克/千克表示，有效磷、速效钾、缓效钾用毫克/千克表示。

一、含量与分布

土壤有机质、全氮、有效磷、速效钾等以《山西省耕地土壤养分含量分级参数表》为标准各分6个级别，见表3-2。

表3-2　山西省耕地地力土壤养分耕地标准

级别	I	II	III	IV	V	VI
有机质（克/千克）	>25.00	20.01～25.00	15.01～20.01	10.01～15.01	5.01～10.01	≤5.01
全氮（克/千克）	>1.50	1.201～1.50	1.001～1.201	0.701～1.001	0.501～0.701	≤0.501
有效磷（毫克/千克）	>25.00	20.01～25.00	15.1～20.01	10.1～15.1	5.1～10.1	≤5.1
速效钾（毫克/千克）	>250	201～250	151～201	101～151	51～101	≤51
缓效钾（毫克/千克）	>1 200	901～1 200	601～901	351～601	151～351	≤151
有效铜（毫克/千克）	>2.00	1.51～2.00	1.01～1.51	0.51～1.01	0.21～0.51	≤0.21
有效锰（毫克/千克）	>30.00	20.01～30.00	15.01～20.01	5.01～15.01	1.01～5.01	≤1.01
有效锌（毫克/千克）	>3.00	1.51～3.00	1.01～1.51	0.51～1.01	0.31～0.51	≤0.31
有效铁（毫克/千克）	>20.00	15.01～20.00	10.01～15.01	5.01～10.01	2.51～5.01	≤2.51
有效硼（毫克/千克）	>2.00	1.51～2.00	1.01～1.51	0.51～1.01	0.21～0.51	≤0.21
有效硫（毫克/千克）	>200.00	100.1～200	50.1～100.1	25.1～50.1	12.1～25.1	≤12.1

（一）有机质

静乐县耕地土壤有机质含量在 3.61～34.25 克/千克，平均值为 10.68 克/千克，属四级水平。

（1）不同行政区域：堂尔上乡平均值最高，为 19.12 克/千克；其下依次是娑婆乡，平均值为 15.61 克/千克；杜家村镇，平均值为 12.05 克/千克；赤泥洼乡，平均值为 10.84 克/千克；双路乡，平均值为 10.02 克/千克；娘子神乡，平均值为 9.44 克/千克；段家寨乡，平均值为 9.34 克/千克；王村乡，平均值为 9.19 克/千克；神峪沟乡，平均值为 9.05 克/千克；辛村乡，平均值为 9.00 克/千克；康家会镇，平均值为 8.72 克/千克；丰润镇，平均值为 8.66 克/千克；鹅城镇，平均值为 8.60 克/千克；中庄乡，平均值为 7.76 克/千克。见表 3-3。

（2）不同地形部位：中低山上、中部坡腰平均值最高，为 14.59 克/千克；其下依次是丘陵低山中、下部及坡麓平坦地，平均值为 13.95 克/千克；黄土丘陵沟谷边地、残垣、残梁，平均值为 12.08 克/千克；沟谷、梁、峁、坡，平均值为 10.54 克/千克；低山丘陵坡地，平均值为 9.98 克/千克；河流一级、二级阶地，平均值为 9.54 克/千克；河流冲积平原的河漫滩，平均值为 9.25 克/千克；山地和丘陵中、下部的缓坡地段，地面有一定的坡度，平均值为 8.93 克/千克；沟谷地，平均值为 8.62 克/千克；河流宽谷阶地，平均值为 7.46 克/千克。见表 3-4。

（3）不同母质：石灰性土质洪积物平均值最高，为 23.22 克/千克，其下依次是残积物，平均值为 20.02 克/千克；沙质黄土母质（物理性黏粒含量＜30%），平均值为 13.32 克/千克；人工淤积物，平均值为 10.98 克/千克；黄土母质，平均值为 10.48 克/千克；洪积物，平均值为 9.38 克/千克；最低是冲积物，平均值为 5.02 克/千克。见表 3-5。

（4）不同土壤类型：棕壤平均值最高，为 16.94 克/千克；其下依次是石灰性褐土，平均值为 15.48 克/千克；粗骨土，平均值为 13.2 克/千克；淋溶褐土，平均值为 9.84 克/千克；潮土，平均值为 9.76 克/千克；最低是褐土性土，平均值为 9.74 克/千克。见表 3-6。

（二）全氮

静乐县耕地土壤全氮含量在 0.053～1.82 克/千克，平均值为 0.59 克/千克，属五级水平。

（1）不同行政区域：堂尔上乡平均值最高，为 0.97 克/千克；其下依次是王村乡，平均值为 0.47 克/千克；丰润镇，平均值为 0.43 克/千克；段家寨乡，平均值为 0.42 克/千克；康家会镇，平均值为 0.4 克/千克；双路乡，平均值为 0.35 克/千克；娑婆乡，平均值为 0.34 克/千克；杜家村镇，平均值为 0.29 克/千克；鹅城镇，平均值为 0.27 克/千克；赤泥洼乡，平均值为 0.24 克/千克；娘子神乡，平均值为 0.24 克/千克；神峪沟乡，平均值为 0.23 克/千克；中庄乡，平均值为 0.21 克/千克；辛村乡，平均值为 0.2 克/千克。见表 3-3。

（2）不同地形部位：中低山上、中部坡腰，平均值最高，为 0.66 克/千克；其下依次是丘陵低山中、下部及坡麓平坦地，平均值为 0.5 克/千克；河流冲积平原的河漫滩，平均值为 0.44 克/千克；沟谷、梁、峁、坡，平均值为 0.41 克/千克；河流一级、二级阶地，平均值为 0.4 克/千克；沟谷地，平均值为 0.38 克/千克；山地和丘陵中、下部的缓坡地段，地面有一定的坡度，平均值为 0.33 克/千克；黄土丘陵沟谷边地、残垣、残梁，平均值为 0.3 克/千克；河流宽谷阶地，平均值为 0.27 克/千克；最低是低山丘陵坡地，平均值为 0.26 克/千克。见表 3-4。

（3）不同母质：石灰性土质洪积物平均值最高，为 1.20 克/千克；其下依次是残积物，平均值为 0.56 克/千克；沙质黄土母质（物理性黏粒含量<30%），平均值为 0.47 克/千克；人工淤积物，平均值为 0.39 克/千克；冲积物，平均值为 0.37 克/千克；洪积物，平均值为 0.36 克/千克；最低是黄土母质，平均值为 0.33 克/千克。见表 3-5。

（4）不同土壤类型：棕壤平均值最高，为 0.64 克/千克；其下依次是淋溶褐土，平均值为 0.47 克/千克；粗骨土，平均值为 0.45 克/千克；石灰性褐土，平均值为 0.43 克/千克；潮土，平均值为 0.41 克/千克；最低是褐土性土，平均值为 0.31 克/千克。见表3-6。

（三）有效磷

静乐县耕地土壤有效磷含量在 1.61～35.66 毫克/千克，平均值为 9.11 毫克/千克，属五级水平。

（1）不同行政区域：堂尔上乡平均值最高，为 13.02 毫克/千克；其下依次是娑婆乡，平均值为 11.25 毫克/千克；杜家村镇，平均值为 10.23 毫克/千克；双路乡，平均值为 10.13 毫克/千克；康家会镇，平均值为 10.1 毫克/千克；王村乡，平均值为 9.62 毫克/千克；段家寨乡，平均值为 8.91 毫克/千克；丰润镇，平均值为 8.83 毫克/千克；神峪沟乡，平均值为 8.61 毫克/千克；中庄乡，平均值为 8.24 毫克/千克；赤泥洼乡，平均值为 8.01 毫克/千克；娘子神乡，平均值为 6.91 毫克/千克；辛村乡，平均值为 6.57 毫克/千克；鹅城镇，平均值为 6.43 毫克/千克。见表 3-3。

（2）不同地形部位：丘陵低山中、下部及坡麓平坦地平均值最高，为 11.34 毫克/千克；其下依次是中低山上、中部坡腰，平均值为 10.62 毫克/千克；黄土丘陵沟谷边地、残垣、残梁，平均值为 9.33 毫克/千克；沟谷、梁、峁、坡，平均值为 9.15 毫克/千克；河流一级、二级阶地，平均值为 9.05 毫克/千克；河流冲积平原的河漫滩，平均值为 8.85 毫克/千克；山地和丘陵中、下部的缓坡地段，地面有一定的坡度，平均值为 8.76 毫克/千克；低山丘陵坡地，平均值为 8.72 毫克/千克；河流宽谷阶地，平均值为 8.26 毫克/千克；最低是沟谷地，平均值为 7.78 毫克/千克。见表 3-4。

（3）不同母质：石灰性土质洪积物平均值最高，为 17.35 毫克/千克；其下依次是残积物，平均值为 14.8 毫克/千克；沙质黄土母质（物理性黏粒含量<30%），平均值为 10.79 毫克/千克；黄土母质，平均值为 9.02 毫克/千克；人工淤积物，平均值为 8.98 毫克/千克；洪积物，平均值为 8.88 毫克/千克；最低是冲积物，平均值为 3.83 毫克/千克。见表 3-5。

（4）不同土壤类型：石灰性褐土平均值最高，为 12.18 毫克/千克；其下依次是棕壤，平均值为 11.98 毫克/千克；粗骨土，平均值为 10.6 毫克/千克；淋溶褐土，平均值为

8.92毫克/千克；褐土性土，平均值为8.56毫克/千克；最低是潮土，平均值为8.54毫克/千克。见表3-6。

(四) 速效钾

静乐县耕地土壤速效钾含量在47.72～479.69毫克/千克，平均值为118.37毫克/千克，属四级水平。

(1) 不同行政区域：娑婆乡平均值最高，为170毫克/千克；其下依次是堂尔上乡，平均值为135.9毫克/千克；双路乡，平均值为135毫克/千克；赤泥洼乡，平均值为118.8毫克/千克；段家寨乡，平均值为117.1毫克/千克；娘子神乡，平均值为116.4毫克/千克；杜家村镇，平均值为114.1毫克/千克；王村乡，平均值为109.2毫克/千克；中庄乡，平均值为106.7毫克/千克；康家会镇，平均值为104.7毫克/千克；神峪沟乡，平均值为104.2毫克/千克；辛村乡，平均值为98.4毫克/千克；鹅城镇，平均值为98.3毫克/千克；丰润镇，平均值为98.1毫克/千克。见表3-3。

(2) 不同地形部位：丘陵低山中、下部及坡麓平坦地平均值最高，为138.5毫克/千克；其下依次是黄土丘陵沟谷边地、残垣、残梁，平均值为122.6毫克/千克；中低山上、中部坡腰，平均值为120.9毫克/千克；低山丘陵坡地，平均值为119.6毫克/千克；沟谷、梁、峁、坡，平均值为116毫克/千克；河流宽谷阶地，平均值为107.5毫克/千克；河流一级、二级阶地，平均值为106.9毫克/千克；山地和丘陵中、下部的缓坡地段，地面有一定的坡度，平均值为106.3毫克/千克；河流冲积平原的河漫滩，平均值为105.7毫克/千克；最低是沟谷地，平均值为104.7毫克/千克。见表3-4。

(3) 不同母质：残积物平均值最高，为189.14毫克/千克；其下依次是石灰性土质洪积物，平均值为170.95毫克/千克；人工淤积物，平均值为120.4毫克/千克；黄土母质，平均值为117.37毫克/千克；沙质黄土母质（物理性黏粒含量<30%），平均值为112.03毫克/千克；洪积物，平均值为103.8毫克/千克；最低是冲积物，平均值为93.47毫克/千克。见表3-5。

(4) 不同土壤类型：石灰性褐土平均值最高，为167.3毫克/千克；其下依次是棕壤，平均值为141.4毫克/千克；粗骨土，平均值为133.8毫克/千克；褐土性土，平均值为111.7毫克/千克；淋溶褐土，平均值为104.6毫克/千克；最低是潮土，平均值为101.7毫克/千克。见表3-6。

(五) 缓效钾

静乐县耕地土壤缓效钾含量在257.158 5～1 040.51毫克/千克，平均值为704.37毫克/千克，属三级水平。

(1) 不同行政区域：堂尔上乡平均值最高，为798.1毫克/千克；其下依次是段家寨乡，平均值为785.2毫克/千克；王村乡，平均值为780.1毫克/千克；康家会镇，平均值为748.1毫克/千克；丰润镇，平均值为738.3毫克/千克；双路乡，平均值为731.9毫克/千克；赤泥洼乡，平均值为726.8毫克/千克；娑婆乡，平均值为708毫克/千克；娘子神乡，平均值为703.2毫克/千克；鹅城镇，平均值为700.4毫克/千克；中庄乡，平均值为635.3毫克/千克；辛村乡，平均值为631.4毫克/千克；杜家村镇，平均值为629毫克/千克；神峪沟乡，平均值为610.8毫克/千克。见表3-3。

表 3-3　静乐县大田土壤大量元素分类统计结果（按行政区域）

类别	有机质（克/千克）		全氮（克/千克）		有效磷（毫克/千克）		速效钾（毫克/千克）		缓效钾（毫克/千克）	
	平均值	区域值	平均值	区域值	平均值	区域值	平均值	区域值	平均值	区域值
赤泥洼乡	10.84	6.99~15.34	0.24	0.09~0.57	8.01	3.79~22.1	118.8	80.4~217.3	726.8	550.2~920.9
杜家村镇	12.05	6.33~33.92	0.29	0.07~1.80	10.23	4.03~27.7	114.1	67.3~290.2	629	283.7~1 000
段家寨乡	9.34	5.0~20.67	0.42	0.15~0.67	8.91	3.30~24.1	117.1	80.4~273.9	785.2	566.8~960.8
鹅城镇	8.6	3.94~14.30	0.27	0.07~0.80	6.43	1.61~18.4	98.3	64.1~150	700.4	500.4~883.2
丰润镇	8.66	4.93~12.98	0.43	0.14~0.67	8.83	4.76~17.7	98.1	64.1~260.8	738.3	417.4~920.9
康家会镇	8.72	3.61~15.67	0.4	0.19~0.73	10.1	5.43~23.4	104.7	47.7~186.9	748.1	617.6~920.9
娘子神乡	9.44	4.93~20.67	0.24	0.07~0.67	6.91	2.82~21.1	116.4	67.3~273.9	703.2	533.6~920.1
神峪沟乡	9.05	6.0~15.67	0.23	0.07~0.62	8.61	4.03~24.7	104.2	70.6~180.4	610.8	257.2~940.9
双路乡	10.02	4.27~21.66	0.35	0.10~1.36	10.13	4.03~31.0	135	80.4~277.1	731.9	517~920.9
娑婆乡	15.61	8.64~26.99	0.34	0.10~1.82	11.25	3.55~35.7	170	70.6~479.7	708	450.6~940.9
堂尔上乡	19.12	7.65~34.25	0.97	0.20~1.82	13.02	4.27~30.4	135.9	57.5~306.5	798.1	566.8~1 040
王村乡	9.19	3.61~16.33	0.47	0.19~1.13	9.62	3.06~24.1	109.2	60.8~223.9	780.1	600~1 000
辛村乡	9	6.33~16.0	0.2	0.09~0.60	6.57	2.34~26.4	98.4	70.6~286.9	631.4	417~850
中庄乡	7.76	3.61~13.31	0.21	0.05~0.62	8.24	2.82~17.74	106.7	73.9~193.5	635.3	467~850

表 3-4　静乐县大田土壤大量元素分类统计结果

地形部位	有机质（克/千克）		全氮（克/千克）		有效磷（毫克/千克）		速效钾（毫克/千克）		缓效钾（毫克/千克）	
	平均值	区域值	平均值	区域值	平均值	区域值	平均值	区域值	平均值	区域值
低山丘陵坡地	9.98	3.61~28.31	0.26	0.05~1.50	8.72	1.61~35.7	119.6	60.8~394.8	679.4	257.2~1 000
沟谷、梁、峁、坡	10.54	3.61~33.59	0.41	0.05~1.62	9.15	2.34~28.4	116	64.1~306.5	727.6	283.7~1 040
沟谷地	8.62	6.0~12.65	0.38	0.09~0.58	7.78	4.03~16.1	104.7	73.9~273.9	720.7	600~850
河流冲积平原的河漫滩	9.25	4.27~13.31	0.44	0.14~0.67	8.85	4.27~19.7	105.7	77.1~140.2	730.2	434~850
河流宽谷阶地	7.46	5.34~9.30	0.27	0.19~0.34	8.26	7.08~9.39	107.5	101~117.3	751.4	684~800.2
河流一级、二级阶地	9.54	4.6~14.63	0.4	0.10~0.80	9.05	4.27~23.1	106.9	67.3~190.2	700.9	283.7~883.2
黄土丘陵沟谷边坡、残垣、残梁	12.08	5.67~34.25	0.3	0.07~1.76	9.33	3.79~28.4	122.6	47.7~296.7	686.8	283.7~1 000
丘陵低山中、下部及坡麓平坦地	13.95	4.93~33.92	0.5	0.09~1.82	11.34	4.51~30.4	138.5	57.5~479.7	727.9	323.5~1 000
山地、丘陵（中、下）部的缓坡	8.93	4.93~11.66	0.33	0.14~0.52	8.76	4.51~17.7	106.3	73.9~193.5	719.7	566.8~866.6
地面有一定的坡度 中低山上、中部坡腰	14.59	6.33~33.26	0.66	0.12~1.80	10.62	4.27~30.4	120.9	77.1~296.7	714.5	417.4~980.7

表 3-5 静乐县大田土壤大量元素分类统计结果（按成土母质）

成土母质	有机质（克/千克）		全氮（克/千克）		有效磷（毫克/千克）		速效钾（毫克/千克）		缓效钾（毫克/千克）	
	平均值	区域值	平均值	区域值	平均值	区域值	平均值	区域值	平均值	区域值
残积物	20.02	8.97~34.25	0.56	0.10~1.82	14.8	5.76~30.38	189.14	100.0~394.75	781.16	583.4~1 000.7
人工淤积物	10.98	4.27~31.61	0.39	0.09~1.62	8.98	2.82~35.66	120.4	67.34~358.81	731.85	450.6~1 040.51
洪积物	9.38	4.93~20.67	0.36	0.07~0.73	8.88	3.79~23.07	103.8	67.34~180.4	671.44	257.16~899.8
石灰性土质洪积物	23.22	16.0~28.97	1.2	0.83~1.42	17.35	7.08~25.1	170.95	114.07~243.47	833.83	750.4~920.93
黄土母质	10.48	3.61~33.59	0.33	0.05~1.56	9.02	1.61~31.4	117.37	47.72~479.69	700.17	283.69~1 000.65
沙质黄土母质（物理性黏粒含量<30%）	13.32	6.99~25.0	0.47	0.15~1.07	10.79	6.42~19.39	112.03	83.67~193.47	692.97	483.8~866.6
冲积物	5.02	3.61~6.99	0.37	0.35~0.39	3.83	3.06~5.00	93.47	90.20~96.74	775.3	767.0~783.6

表 3-6 静乐县大田土壤大量元素分类统计结果（按土壤类型）

土壤类型	有机质（克/千克）		全氮（克/千克）		有效磷（毫克/千克）		速效钾（毫克/千克）		缓效钾（毫克/千克）	
	平均值	区域值	平均值	区域值	平均值	区域值	平均值	区域值	平均值	区域值
褐土性土（B. e）	9.74	3.61~33.59	0.31	0.05~1.82	8.56	1.61~28.7	111.7	47.7~394.8	694.8	257.2~1 000
石灰性褐土（B. b）	15.48	6.33~29.96	0.43	0.09~1.50	12.18	4.51~35.7	167.3	77.1~394.8	734.4	283.7~940.9
淋溶褐土（B. c）	9.84	6.99~14.3	0.47	0.14~0.78	8.92	3.55~19.7	104.6	64.1~143.5	710.4	384.2~833.4
棕壤（A）	16.94	6.99~34.25	0.64	0.12~1.80	11.98	4.76~30.4	141.4	86.9~296.7	731.2	400.8~1 000
潮土（N）	9.76	6.0~20.67	0.41	0.10~0.80	8.54	3.79~17.1	101.7	70.6~146.7	716	400.8~883.2
粗骨土（K）	13.2	5.34~32.6	0.45	0.09~1.62	10.6	3.06~31.0	133.8	57.5~479.7	739.9	350~1 040

（2）不同地形部位：河流宽谷阶地平均值最高，为751.4毫克/千克；其下依次是河流冲积平原的河漫滩，平均值为730.2毫克/千克；丘陵低山中、下部及坡麓平坦地，平均值为727.9毫克/千克；沟谷、梁、峁、坡，平均值为727.6毫克/千克；沟谷地，平均值为720.7毫克/千克；山地和丘陵中、下部的缓坡地段，地面有一定的坡度，平均值为719.7毫克/千克；中低山上、中部坡腰，平均值为714.5毫克/千克；河流一级、二级阶地，平均值为700.9毫克/千克；黄土丘陵沟谷边地、残垣、残梁，平均值为686.8毫克/千克；最低是低山丘陵坡地，平均值为679.4毫克/千克。见表3-4。

（3）不同母质：石灰性土质洪积物平均值最高，为833.83毫克/千克；其下依次是残积物，平均值为781.16毫克/千克；冲积物，平均值为775.3毫克/千克；人工淤积物，平均值为731.85毫克/千克；黄土母质，平均值为700.17毫克/千克；沙质黄土母质（物理性黏粒含量<30%），平均值为692.97毫克/千克；最低是洪积物，平均值为671.44毫克/千克。见表3-5。

（4）不同土壤类型：粗骨土平均值最高，为739.9毫克/千克；其下依次是石灰性褐土，平均值为734.4毫克/千克；棕壤，平均值为731.2毫克/千克；潮土，平均值为716毫克/千克；淋溶褐土，平均值为710.4毫克/千克；最低是褐土性土，平均值为694.8毫克/千克。见表3-6。

二、分级论述

（一）有机质

Ⅰ级 有机质含量>25.00克/千克，面积为0.43万亩，占总耕地面积的0.57%。主要分布在杜家村镇、娑婆乡、堂尔上乡。主要种植马铃薯、胡麻、燕麦以及豌豆等。

Ⅱ级 有机质含量在20.01～25.00克/千克，面积为1.24万亩，占总耕地面积的1.65%。主要分布在杜家村镇、段家寨乡、娘子神乡、双路乡、娑婆乡、堂尔上乡。主要种植玉米、谷子、大豆等。

Ⅲ级 有机质含量在15.01～20.01克/千克，面积为3.02万亩，占总耕地面积的4.02%。主要分布在杜家村镇、段家寨乡、双路乡、娑婆乡、堂尔上乡、王村乡。主要种植玉米、谷子、大豆等。

Ⅳ级 有机质含量在10.01～15.01克/千克，面积为20.85万亩，占总耕地面积的27.76%。主要分布在赤泥洼乡、杜家村镇、段家寨乡、鹅城镇、丰润镇、康家会镇、娘子神乡、神峪沟乡、双路乡、娑婆乡、堂尔上乡、王村乡、辛村乡、中庄乡，主要种植各种杂粮。

Ⅴ级 有机质含量在5.01～10.01克/千克，面积为49.26万亩，占总耕地面积的65.59%。主要分布在赤泥洼乡、杜家村镇、段家寨乡、鹅城镇、丰润镇、康家会镇、娘子神乡、神峪沟乡、双路乡，主要种植各种杂粮。

Ⅵ级 有机质含量≤5.01克/千克，面积为0.30万亩，占总耕地面积的0.41%。主要分布在鹅城镇、康家会镇、双路乡、中庄乡，主要种植各种杂粮。

（二）全氮

Ⅰ级　全氮含量≥1.50克/千克，面积为0.12万亩，占总耕地面积的0.17%。主要分布在杜家村镇、堂尔上乡，主要种植马铃薯、胡麻、豌豆等。

Ⅱ级　全氮含量在1.201～1.50克/千克，面积为0.36万亩，占总耕地面积的0.48%。主要分布在杜家村镇、堂尔上乡，主要种植马铃薯、胡麻、豌豆等。

Ⅲ级　全氮含量在1.001～1.200克/千克，面积为0.65万亩，占总耕地面积的0.87%。主要分布在杜家村镇、娑婆乡、堂尔上乡，主要种植马铃薯、胡麻、豌豆等。

Ⅳ级　全氮含量在0.701～1.000克/千克，面积为1.11万亩，占总耕地面积的1.47%。主要分布在杜家村镇、鹅城镇、双路乡、娑婆乡、堂尔上乡、王村乡，主要种植马铃薯、燕麦、胡麻等。

Ⅴ级　全氮含量在0.501～0.701克/千克，面积为8.09万亩，占总耕地面积的10.77%。主要分布在赤泥洼乡、杜家村镇、段家寨乡、鹅城镇、丰润镇、康家会镇、娘子神乡、神峪沟乡、双路乡、娑婆乡、堂尔上乡、王村乡，主要种植各种杂粮。

Ⅵ级　全氮含量≤0.501克/千克，面积为64.77万亩，占总耕地面积的86.24%。主要分布在赤泥洼乡、杜家村镇、段家寨乡、鹅城镇、丰润镇、康家会镇、娘子神乡、神峪沟乡、双路乡、娑婆乡、堂尔上乡、王村乡、辛村乡、中庄乡，主要种植各种杂粮。

（三）有效磷

Ⅰ级　有效磷含量≥25.00毫克/千克，全县面积0.19万亩，占总耕地面积的0.26%。主要分布在杜家村镇、双路乡、娑婆乡、堂尔上乡，主要种植马铃薯、胡麻、豌豆等。

Ⅱ级　有效磷含量在20.01～25.00毫克/千克，全县面积0.56万亩，占总耕地面积的0.75%。主要分布在杜家村镇、双路乡、娑婆乡、堂尔上乡、王村乡、辛村乡，主要种植马铃薯、胡麻、豌豆等。

Ⅲ级　有效磷含量在15.1～20.01毫克/千克，全县面积2.54万亩，占总耕地面积的3.38%。主要分布在杜家村镇、段家寨乡、康家会镇、双路乡、娑婆乡、堂尔上乡、王村乡、辛村乡，主要种植各种杂粮等。

Ⅳ级　有效磷含量在10.1～15.1毫克/千克，全县面积14.68万亩，占总耕地面积的19.55%。主要分布在赤泥洼乡、杜家村镇、段家寨乡、鹅城镇、丰润镇、康家会镇、娘子神乡、神峪沟乡、双路乡、娑婆乡、堂尔上乡、王村乡、辛村乡、中庄乡，主要种植各种杂粮。

Ⅴ级　有效磷含量在5.1～10.1毫克/千克，全县面积51.79万亩，占总耕地面积的68.96%。主要分布在赤泥洼乡、杜家村镇、段家寨乡、鹅城镇、丰润镇、康家会镇、娘子神乡、神峪沟乡、双路乡、娑婆乡、堂尔上乡、王村乡、辛村乡、中庄乡，主要种植各种杂粮。

Ⅵ级　有效磷含量≤5.1毫克/千克，全县面积5.34万亩，占总耕地面积的7.10%。

主要分布在赤泥洼乡、杜家村镇、段家寨乡、鹅城镇、娘子神乡、双路乡、王村乡、辛村乡、中庄乡，主要种植各种杂粮。

(四)速效钾

Ⅰ级 速效钾含量≥250毫克/千克，全县面积0.62万亩，占总耕地面积的0.82%。主要分布在杜家村镇、娘子神乡、双路乡、娑婆乡、堂尔上乡，作物有马铃薯、胡麻、燕麦等。

Ⅱ级 速效钾含量在201～250毫克/千克，全县面积1.35万亩，占总耕地面积的1.79%。主要分布在杜家村镇、段家寨乡、娘子神乡、双路乡、娑婆乡、堂尔上乡，作物有玉米、大豆、马铃薯等。

Ⅲ级 速效钾含量在151～201毫克/千克，全县面积4.48万亩，占总耕地面积的5.97%。主要分布在赤泥洼乡、杜家村镇、段家段乡、娘子神乡、双路乡、娑婆乡、堂尔上乡、王村乡、辛村乡，主要种植各种杂粮。

Ⅳ级 速效钾含量在101～151毫克/千克，全县面积42.59万亩，占总耕地面积的56.704%。主要分布在赤泥洼乡、杜家村镇、段家寨乡、鹅城镇、丰润镇、康家会镇、娘子神乡、神峪沟乡、双路乡、娑婆乡、堂尔上乡、王村乡、辛村乡、中庄乡，主要种植各种杂粮。

Ⅴ级 速效钾含量在51～101毫克/千克，全县面积26.07万亩，占总耕地面积的34.71%。主要分布在赤泥洼乡、杜家村镇、段家寨乡、鹅城镇、丰润镇、康家会镇、娘子神乡、神峪沟乡、双路乡、娑婆乡、堂尔上乡、王村乡、辛村乡、中庄乡，主要种植各种杂粮。

Ⅵ级 速效钾含量≤51毫克/千克，全县面积40亩，占总耕地面积的0.006%。主要分布在康家会镇，主要种植各种杂粮。

(五)缓效钾

Ⅰ级 全县无分布。

Ⅱ级 缓效钾含量在901～1 200毫克/千克，全县面积0.43万亩，占总耕地面积的0.57%。主要分布在杜家村镇、段家寨乡、堂尔上乡、王村乡，主要种植各种杂粮。

Ⅲ级 缓效钾含量在601～901毫克/千克，全县面积65.64万亩，占总耕地面积的87.39%。主要分布在赤泥洼乡、杜家村镇、段家寨乡、鹅城镇、丰润镇、康家会镇、娘子神乡、神峪沟乡、双路乡、娑婆乡、堂尔上乡、王村乡、辛村乡、中庄乡，主要种植各种杂粮。

Ⅳ级 缓效钾含量在351～601毫克/千克，全县面积8.62万亩，占总耕地面积的11.47%。主要分布在赤泥洼乡、杜家村镇、鹅城镇、丰润镇、娘子神乡、神峪沟乡、双路乡、娑婆乡、辛村乡、中庄乡，主要种植各种杂粮。

Ⅴ级 缓效钾含量在151～351毫克/千克，全县面积0.42万亩，占总耕地面积的0.57%。主要分布在杜家村镇、神峪沟乡，主要种植各种杂粮。

Ⅵ级 全县无分布。

大量元素分级面积统计见表3-7。

表 3-7　静乐县耕地土壤大量元素分级面积

类别	I		II		III		IV		V		VI	
	百分比（%）	面积（万亩）	百分比（%）	面积（万亩）	百分比（%）	面积（万亩）	百分比（%）	面积（万亩）	百分比（%）	面积（万亩）	百分比（%）	面积（万亩）
有机质	0.57	0.43	1.65	1.24	4.02	3.02	27.76	20.85	65.59	49.26	0.41	0.30
全氮	0.17	0.12	0.48	0.36	0.87	0.65	1.47	1.11	10.77	8.09	86.24	64.77
有效磷	0.26	0.19	0.75	0.56	3.38	2.54	19.55	14.68	68.96	51.79	7.10	5.34
速效钾	0.82	0.62	1.79	1.35	5.97	4.48	56.704	42.59	34.71	26.07	0.006	0.004
缓效钾	0	0	0.57	0.43	87.39	65.64	11.47	8.62	0.57	0.42	0	0

第三节　中量元素

　　中量元素背景值的表达方式以各统计单元养分汇总结果的算术平均值和标准差来表示。以单位体 S 表示，表示单位：用毫克/千克来表示。

　　由于有效硫目前全国范围内仅有酸性土壤临界值，而全县土壤属石灰性土壤，没有临界值标准。因而只能根据养分含量的具体情况进行级别划分，分 6 个级别，见表 3-2。

一、含量与分布

有效硫

　　静乐县耕地土壤有效硫含量在 5.536 4～113.406 8 毫克/千克，平均值为 19.54 毫克/千克，属五级水平。见表 3-8。

表 3-8　静乐县耕地土壤有效硫分类统计结果

单位：毫克/千克

类别			有效硫	
			平均值	区域值
行政区域		赤泥洼乡	17.25	9.84～33.40
		杜家村镇	18.58	7.26～53.43
		段家寨乡	21.9	10.70～66.73
		鹅城镇	29.46	14.68～113.41
		丰润镇	18.5	9.84～48.34
		康家会镇	15.97	5.54～56.75
		娘子神乡	20.47	10.70～43.36
		神峪沟乡	22.48	11.56～65.41
		双路乡	19.89	8.12～86.69
		娑婆乡	25.58	12.00～50.00
		堂尔上乡	13.92	7.26～60.08
		王村乡	14.86	6.40～40.04
		辛村乡	15.08	8.98～70.06
		中庄乡	15.76	8.98～38.38

（续）

类别		有效硫	
		平均值	区域值
土壤类型	褐土性土（B. e）	19.58	5.54～103.43
	石灰性褐土（B. b）	28.18	14.68～96.67
	淋溶褐土（B. c）	12.39	4.83～26.66
	棕壤（A）	16.7	8.98～50.00
	潮土（N）	24.53	5.54～113.41
	粗骨土（K）	18.52	7.26～60.08
地形部位	低山丘陵坡地	20.2	6.40～100
	沟谷、梁、峁、坡	18.46	5.54～86.69
	沟谷地	20.73	9.84～36.72
	河流冲积平原的河漫滩	28.8	8.98～113.41
	河流宽谷阶地	20.32	13.82～26.76
	河流一级、二级阶地	27.04	7.26～113.41
	黄土丘陵沟谷边地、残垣、残梁	19.37	5.54～73.39
	丘陵低山中、下部及坡麓平坦地	16.88	7.26～53.43
	山地和丘陵中、下部的缓坡地段，地面有一定的坡度	19.1	9.84～45.02
	中低山上、中部坡腰	16.48	8.98～35.06
土壤母质	残积物	18.61	9.84～38.38
	人工淤积物	20.4	5.54～86.69
	洪积物	28.02	8.98～113.41
	石灰性土质洪积物	10.92	9.84～11.56
	黄土母质	19.11	5.54～113.41
	沙质黄土母质（物理性黏粒含量＜30%）	17.15	9.84～28.42
	冲积物	18.12	17.26～18.98

（1）不同行政区域：鹅城镇平均值最高，为29.46毫克/千克；其下依次是娑婆乡，平均值为25.58毫克/千克；神峪沟乡，平均值为22.48毫克/千克；段家寨乡，平均值为21.9毫克/千克；娘子神乡，平均值为20.47毫克/千克；双路乡，平均值为19.89毫克/千克；杜家村镇，平均值为18.58毫克/千克；丰润镇，平均值为18.5毫克/千克；赤泥洼乡，平均值为17.25毫克/千克；康家会镇，平均值为15.97毫克/千克；中庄乡，平均值为15.76毫克/千克；辛村乡，平均值为15.08毫克/千克；王村乡，平均值为14.86毫克/千克；最低是堂尔上乡，平均值为13.92毫克/千克。

（2）不同地形部位：河流冲积平原的河漫滩平均值最高，为28.8毫克/千克；其下依次是河流一级、二级阶地，平均值为27.04毫克/千克；沟谷地，平均值为20.73毫克/千克；河流宽谷阶地，平均值为20.32毫克/千克；低山丘陵坡地，平均值为20.2毫克/千克；黄土丘陵沟谷边地、残垣、残梁，平均值为19.37毫克/千克；山地和丘陵中、下部的缓坡地段，地面有一定的坡度，平均值为19.1毫克/千克；沟谷、梁、峁、坡，平均值为 18.46 毫克/千克；丘陵低山中、下部及去上麓平坦地，平均值为 16.88 毫克/千克；最低是中低山上、中部坡腰，平均值为 16.48 毫克/千克。

（3）不同母质：洪积物平均值最高，为 28.02 毫克/千克；其下依次是人工淤积物，平均值为 20.4 毫克/千克；黄土母质，平均值为 19.11 毫克/千克；残积物，平均值为 18.61 毫克/千克；冲积物，平均值为 18.12 毫克/千克；沙质黄土母质（物理性黏粒含量＜30%），平均值为 17.15 毫克/千克；最低是石灰性土质洪积物，平均值为 10.92 毫克/千克。

（4）不同土壤类型：石灰性褐土平均值最高，为 28.18 毫克/千克；其下依次是潮土，平均值为 24.53 毫克/千克；褐土性土，平均值为 19.58 毫克/千克；粗骨土，平均值为 18.52 毫克/千克；棕壤，平均值为 16.7 毫克/千克；最低是淋溶褐土，平均值为 12.39 毫克/千克。

二、分级论述

有效硫

Ⅰ级　全县无分布。

Ⅱ级　有效硫含量在 100.1～200.0 毫克/千克，全县面积为 0.05 万亩，占总耕地面积的 0.07%，分布在鹅城镇。

Ⅲ级　有效硫含量在 50.1～100.1 毫克/千克，全县面积为 0.74 万亩，占总耕地面积的 0.99%。主要分布在段家寨乡、鹅城镇、神峪沟乡、双路乡。

Ⅳ级　有效硫含量在 25.1～50.1 毫克/千克，全县面积为 12.25 万亩，占总耕地面积的 16.31%，主要分布在赤泥洼乡、杜家村镇、段家寨乡、鹅城镇、丰润镇、康家会镇、娘子神乡、神峪沟乡、双路乡、娑婆、堂尔上乡、王村乡、辛村乡、中庄乡。

Ⅴ级　有效硫含量在 12.1～25.1 毫克/千克，全县面积为 55.98 万亩，占总耕地面积的 74.54%。主要分布在赤泥洼乡、杜家村镇、段家寨乡、鹅城镇、丰润镇、康家会镇、娘子神乡、神峪沟乡、双路乡、娑婆乡、堂尔上乡、王村乡、辛村乡、中庄乡。

Ⅵ级　有效硫含量≤12.1 毫克/千克，全县面积为 6.08 万亩，占总耕地面积的 8.09%。分布在赤泥洼乡、杜家村镇、康家会镇、双路乡、堂尔上乡、王村乡、辛村乡、中庄乡。

有效硫分级面积统计见表 3-9。

表 3-9　静乐县耕地土壤中量元素分级面积

单位：万亩

类别	Ⅰ		Ⅱ		Ⅲ		Ⅳ		Ⅴ		Ⅵ	
	百分比（%）	面积	百分比（%）	面积	百分比（%）	面积	百分比（%）	面积	百分比（%）	面积	百分比（%）	面积
有效硫	0	0	0.07	0.05	0.99	0.74	16.31	12.25	74.54	55.98	8.09	6.08

第四节　微量元素

土壤微量元素背景值的表达方式以各统计单元养分汇总结果的算术平均值和标准差来表示，分别以单体 Cu、Zn、Mn、Fe、B 表示。表示单位为毫克/千克。

土壤微量元素参照全省第二次土壤普查的标准，结合全县土壤养分含量状况重新进行划分，各分 6 个级别，见表 3-2。

一、含量与分布

（一）有效铜

静乐县耕地土壤有效铜含量在 0.345 1～2.467 4 毫克/千克，平均值为 1.15 毫克/千克，属三级水平。见表 3-10～表 3-13。

（1）不同行政区域：堂尔上乡平均值最高，为 1.57 毫克/千克；依次是娑婆乡，平均值为 1.39 毫克/千克；娘子神乡，平均值为 1.36 毫克/千克；辛村乡，平均值为 1.35 毫克/千克；中庄乡，平均值为 1.35 毫克/千克；赤泥洼乡，平均值为 1.24 毫克/千克；神峪沟乡，平均值为 1.22 毫克/千克；鹅城镇，平均值为 1.17 毫克/千克；双路乡，平均值为 1.11 毫克/千克；杜家村镇，平均值为 1.04 毫克/千克；丰润镇，平均值为 0.86 毫克/千克；康家会镇，平均值为 0.86 毫克/千克；王村乡，平均值为 0.8 毫克/千克；最低是段家寨乡，平均值为 0.72 毫克/千克。

（2）不同地形部位：山地和丘陵中、下部的缓坡地段，地面有一定的坡度平均值最高，为 1.33 毫克/千克，其下依次是低山丘陵坡地，平均值为 1.24 毫克/千克；黄土丘陵沟谷边地、残垣、梁，平均值为 1.23 毫克/千克；丘陵低山中、下部及坡麓平坦地，平均值为 1.22 毫克/千克；中低山上、中部坡腰，平均值为 1.18 毫克/千克；沟谷、梁、峁、坡，平均值为 1.07 毫克/千克；沟谷地，平均值为 1.05 毫克/千克；河流宽谷阶地，平均值为 0.97 毫克/千克；河流一级、二级阶地，平均值为 0.93 毫克/千克；最低是河流冲积平原的河漫滩，平均值为 0.8 毫克/千克。

（3）不同母质：石灰性土质洪积物平均值最高，为 1.76 毫克/千克；依次是残积物，平均值为 1.45 毫克/千克；人工淤积物，平均值为 1.17 毫克/千克；黄土母质，平均值为 1.15 毫克/千克；沙质黄土母质（物理性黏粒含量＜30%），平均值为 1.06 毫克/千克；洪积物，平均值为 1.02 毫克/千克；最低是冲积物，平均值为 0.74 毫克/千克。

（4）不同土壤类型：棕壤平均值最高，为 1.38 毫克/千克；依次是淋溶褐土，平均值为 1.34 毫克/千克；粗骨土，平均值为 1.25 毫克/千克；褐土性土，平均值为 1.12 毫克/千克；潮土，平均值为 0.89 毫克/千克；最低是石灰性褐土，平均值为 0.83 毫克/千克。

（二）有效锌

静乐县耕地土壤有效锌含量在 0.31～3.705 1 毫克/千克，平均值为 0.94 毫克/千克，属四级水平。见表 3-10～表 3-13。

（1）不同行政区域：娑婆乡平均值最高，为 1.54 毫克/千克；依次是堂尔上乡，平均值为 1.13 毫克/千克；鹅城镇，平均值为 1.1 毫克/千克；娘子神乡，平均值为 1.02 毫克/千克；杜家村镇，平均值为 1.0 毫克/千克；辛村乡，平均值为 0.96 毫克/千克；赤泥洼乡，平均值为 0.85 毫克/千克；段家寨乡，平均值为 0.81 毫克/千克；康家会镇，平均值为 0.79 毫克/千克；中庄乡，平均值为 0.78 毫克/千克；丰润镇，平均值为 0.75 毫克/千克；双路乡，平均值为 0.74 毫克/千克；神峪沟乡，平均值为 0.72 毫克/千克；最低是王村乡，平均值为 0.7 毫克/千克。

（2）不同地形部位：中低山上、中部坡腰平均值最高，为 1.05 毫克/千克；依次是黄土丘陵沟谷边地、残垣、残梁，平均值为 1.03 毫克/千克；丘陵低山中、下部及坡麓平坦地，平均值为 0.97 毫克/千克；低山丘陵坡地，平均值为 0.95 毫克/千克；河流一级、二级阶地，平均值为 0.94 毫克/千克；沟谷、梁、峁、坡，平均值为 0.9 毫克/千克，河流冲积平原的河漫滩，平均值为 0.85 毫克/千克；山地和丘陵中、下部的缓坡地段，地面有一定的坡度，平均值为 0.82 毫克/千克；沟谷地，平均值为 0.81 毫克/千克；最低是河流宽谷阶地，平均值为 0.73 毫克/千克。

（3）不同母质：残积物平均值最高，为 1.41 毫克/千克；其下依次是石灰性土质洪积物，平均值为 1.33 毫克/千克；沙质黄土母质（物理性黏粒含量<30%），平均值为 1.08 毫克/千克；人工淤积物，平均值为 1.01 毫克/千克；黄土母质，平均值为 0.92 毫克/千克；洪积物，平均值为 0.91 毫克/千克；最低是冲积物，平均值为 0.62 毫克/千克。

（4）不同土壤类型：淋溶褐土平均值最高，为 1.39 毫克/千克；依次是石灰性褐土，平均值为 1.06 毫克/千克；棕壤，平均值为 1.05 毫克/千克；粗骨土，平均值为 1.04 毫克/千克；潮土，平均值为 0.92 毫克/千克；最低是褐土性土，平均值为 0.88 毫克/千克。

（三）有效锰

静乐县耕地土壤有效锰含量在 2.605 4～22.674 毫克/千克，平均值为 9.03 毫克/千克，属四级水平。见表 3-10～表 3-13。

（1）不同行政区域：婆婆乡平均值最高，为 12.15 毫克/千克；依次是中庄乡，平均值为 11.29 毫克/千克；堂尔上乡，平均值为 11.05 毫克/千克；双路乡，平均值为 9.6 毫克/千克；辛村乡，平均值为 9.59 毫克/千克；赤泥洼乡，平均值为 8.76 毫克/千克；康家会镇，平均值为 8.74 毫克/千克；娘子神乡，平均值为 8.72 毫克/千克；鹅城镇，平均值为 8.46 毫克/千克；王村乡，平均值为 8.37 毫克/千克；神峪沟乡，平均值为 8.36 毫克/千克；杜家村镇，平均值为 7.89 毫克/千克；丰润镇，平均值为 6.45 毫克/千克；最低是段家寨乡，平均值为 6.14 毫克/千克。

（2）不同地形部位：山地和丘陵中、下部的缓坡地段，地面有一定的坡度平均值最高，为 10.41 毫克/千克；其下依次是丘陵低山中、下部及坡麓平坦地，平均值为 9.79 毫克/千克；低山丘陵坡地，平均值为 9.51 毫克/千克；黄土丘陵沟谷边地、残垣、残梁，平均值为 9.31 毫克/千克；中低山上、中部坡腰，平均值为 9.24 毫克/千克；沟谷、梁、峁、坡，平均值为 8.59 毫克/千克；沟谷地，平均值为 8.21 毫克/千克；河流一级、二级阶地，平均值为 7.8 毫克/千克；河流冲积平原的河漫滩，平均值为 6.83 毫克/千克；最低是河流宽谷阶地，平均值为 6.42 毫克/千克。

（3）不同母质：石灰性土质洪积物平均值最高，为 12.76 毫克/千克；依次是残积物，平均值为 12.34 毫克/千克；人工淤积物，平均值为 9.45 毫克/千克；黄土母质，平均值为 8.95 毫克/千克；冲积物，平均值为 8.56 毫克/千克；沙质黄土母质（物理性黏粒含量＜30%），平均值为 8.45 毫克/千克；最低是洪积物，平均值为 8.03 毫克/千克。

（4）不同土壤类型：淋溶褐土平均值最高，为 11.66 毫克/千克；依次是棕壤，平均值为 10.32 毫克/千克；粗骨土，平均值为 9.78 毫克/千克；褐土性土，平均值为 8.7 毫克/千克；潮土，平均值为 7.91 毫克/千克；最低是石灰性褐土，平均值为 6.88 毫克/千克。

（四）有效铁

静乐县耕地土壤有效铁含量在 2.335 7～26.663 4 毫克/千克，平均值为 8.10 毫克/千克，属四级水平。见表 3-10～表 3-13。

（1）不同行政区域：娑婆乡平均值最高，为 13.57 毫克/千克；依次是堂尔上乡，平均值为 9.94 毫克/千克；辛村乡，平均值为 8.91 毫克/千克；中庄乡，平均值为 8.58 毫克/千克；娘子神乡，平均值为 8.28 毫克/千克；神峪沟乡，平均值为 8.11 毫克/千克；赤泥洼乡，平均值为 8.06 毫克/千克；杜家村镇，平均值为 7.6 毫克/千克；康家会镇，平均值为 7.07 毫克/千克；王村乡，平均值为 6.95 毫克/千克；双路乡，平均值为 6.7 毫克/千克；鹅城镇，平均值为 6.57 毫克/千克；丰润镇，平均值为 5.31 毫克/千克；最低是段家寨乡，平均值为 4.72 毫克/千克。

（2）不同地形部位：丘陵低山中、下部及坡麓平坦地平均值最高，平均值为 9.14 毫克/千克；其下依次是黄土丘陵沟谷边地、残垣、残梁，平均值为 8.69 毫克/千克；低山丘陵坡地，平均值为 8.61 毫克/千克；中低山上、中部坡腰，平均值为 8.45 毫克/千克；沟谷、梁、峁、坡，平均值为 7.64 毫克/千克；山地和丘陵中、下部的缓坡地段，地面有一定的坡度，平均值为 7.51 毫克/千克；沟谷地，平均值为 6.82 毫克/千克；河流宽谷阶地，平均值为 6.77 毫克/千克；河流一级、二级阶地，平均值为 5.99 毫克/千克；最低是河流冲积平原的河漫滩，平均值为 5.24 毫克/千克。

（3）不同母质：石灰性土质洪积物平均值最高，为 14.17 毫克/千克；依次是残积物，平均值为 13.49 毫克/千克；人工淤积物，平均值为 8.45 毫克/千克；黄土母质，平均值为 8.01 毫克/千克；沙质黄土母质（物理性黏粒含量＜30%），平均值为 7.89 毫克/千克；洪积物，平均值为 6.55 毫克/千克；最低是冲积物，平均值为 6.01 毫克/千克。

（4）不同土壤类型：淋溶褐土平均值最高，为 12.39 毫克/千克；依次是棕壤，平均值为 9.92 毫克/千克；粗骨土，平均值为 9.14 毫克/千克；褐土性土，平均值为 7.59 毫克/千克；潮土，平均值为 6.26 毫克/千克；最低是石灰性褐土，平均值为 5.00 毫克/千克。

（五）有效硼

静乐县耕地土壤有效硼含量在 0.128 7～1.271 4 毫克/千克，平均值为 0.44 毫克/千克，属五级水平。见表 3-10～表 3-13。

（1）不同行政区域：堂尔上乡平均值最高，为 0.62 毫克/千克；依次是杜家村镇，平均值为 0.49 毫克/千克；段家寨乡，平均值为 0.49 毫克/千克；娑婆乡，平均值为 0.48 毫克/千克；王村乡，平均值为 0.47 毫克/千克；双路乡，平均值为 0.47 毫克/千克；鹅城镇，平均值为 0.47 毫克/千克；神峪沟乡，平均值为 0.44 毫克/千克；康家会镇，平均值为 0.41 毫克/千克；丰润镇，平均值为 0.38 毫克/千克；辛村乡，平均值为 0.37 毫克/千克；娘子神乡，平均值为 0.37 毫克/千克；赤泥洼乡，平均值为 0.33 毫克/千克；最低是中庄乡，平均值为 0.32 毫克/千克。

（2）不同地形部位：河流冲积平原的河漫滩平均值最高，为 0.56 毫克/千克；其下依次是中低山上、中部坡腰，平均值为 0.52 毫克/千克；丘陵低山中、下部及坡麓平坦地，平均值为 0.51 毫克/千克；河流一级、二级阶地，平均值为 0.51 毫克/千克；河流宽谷阶地，平均值为 0.49 毫克/千克；沟谷、梁、峁、坡，平均值为 0.45 毫克/千克；黄土丘陵沟谷边地、残垣、残梁，平均值为 0.43 毫克/千克；低山丘陵坡地，平均值为 0.42 毫克/千克；沟谷地，平均值为 0.41 毫克/千克；最低是山地和丘陵中、下部的缓坡地段，地面有一定的坡度，平均值为 0.37 毫克/千克。

（3）不同母质：石灰性土质洪积物平均值最高，为 0.87 毫克/千克；依次是沙质黄土母质（物理性黏粒含量＜30％），平均值为 0.56 毫克/千克；残积物，平均值为 0.55 毫克/千克；洪积物，平均值为 0.48 毫克/千克；黄土母质，平均值为 0.44 毫克/千克；人工淤积物，平均值为 0.43 毫克/千克；最低是冲积物，平均值为 0.42 毫克/千克。见表 3-12。

（4）不同土壤类型：石灰性褐土平均值最高，为 0.56 毫克/千克；其下依次是棕壤，平均值为 0.55 毫克/千克；淋溶褐土，平均值为 0.52 毫克/千克；潮土，平均值为 0.51 毫克/千克；粗骨土，平均值为 0.48 毫克/千克；褐土性土，平均值为 0.42 毫克/千克。见表 3-13。

二、分级论述

（一）有效铜

Ⅰ级　有效铜含量≥2.00 毫克/千克，全县分布面积为 0.14 万亩，占总耕地面积的 0.19％，主要分布在双路乡。

Ⅱ级　有效铜含量在 1.51～2.00 毫克/千克，全县分布面积 7.65 万亩，占总耕地面积的 10.19％，主要分布在赤泥洼乡、杜家村镇、鹅城镇、娘子神乡、神峪沟乡、双路乡、娑婆乡、堂尔上乡、辛村乡、中庄乡。

Ⅲ级　有效铜含量在 1.01～1.51 毫克/千克，全县分布面积 41.79 万亩，占总耕地面积的 55.64％，主要分布在赤泥洼乡、杜家村镇、段家寨乡、鹅城镇、丰润镇、康家会镇、娘子神乡、神峪沟乡、双路乡、娑婆乡、堂尔上乡、王村乡、辛村乡、中庄乡。

Ⅳ级　有效铜含量在 0.51～1.01 毫克/千克，全县面积 25.34 万亩，占总耕地面积的 33.74％。主要分布在赤泥洼乡、杜家村镇、段家寨乡、鹅城镇、丰润镇、康家会镇、娘子神乡、神峪沟乡、双路乡、堂尔上乡、王村乡、辛村乡。

Ⅴ级　有效铜含量在 0.21～0.51 毫克/千克，全县面积 0.18 万亩，占总耕地面积的 0.24％。主要分布在段家寨乡、双路乡、王村乡。

Ⅵ级　全县无分布。

表3-10　静乐县耕地土壤微量元素分类统计结果（按行政区域）

单位：毫克/千克

类别	有效铜		有效锰		有效锌		有效铁		有效硼	
	平均值	区域值	平均值	区域值	平均值	区域值	平均值	区域值	平均值	区域值
赤泥洼乡	1.24	0.77~1.71	8.76	4.20~15.00	0.85	0.37~1.61	8.06	3.67~12.34	0.33	0.15~0.80
杜家村镇	1.04	0.44~2.00	7.89	3.94~16.01	1.00	0.50~2.40	7.60	3.67~14.00	0.49	0.23~0.90
段家寨乡	0.72	0.42~1.51	6.14	2.61~12.34	0.81	0.37~1.61	4.72	3.01~13.00	0.49	0.21~1.21
鹅城镇	1.17	0.64~1.71	8.46	4.47~14.33	1.10	0.58~2.11	6.57	4.34~14.67	0.47	0.23~1.21
丰润镇	0.86	0.58~2.21	6.45	3.40~11.00	0.75	0.47~2.30	5.31	3.67~8.34	0.38	0.19~0.67
康家会镇	0.86	0.58~1.24	8.74	3.40~15.34	0.79	0.36~2.21	7.07	4.00~13.00	0.41	0.15~0.74
娘子神乡	1.36	0.84~1.77	8.72	4.20~14.33	1.02	3.58~2.01	8.28	5.34~17.34	0.37	0.15~0.87
神峪沟乡	1.22	0.74~2.00	8.36	5.00~15.34	0.72	0.31~1.47	8.11	4.34~15.68	0.44	0.20~1.04
双路乡	1.11	0.42~2.47	9.60	5.00~16.34	0.74	0.35~1.50	6.70	2.34~13.00	0.47	0.17~1.27
娑婆乡	1.39	0.61~2.11	12.15	5.68~22.67	1.54	0.35~3.71	13.57	7.67~26.66	0.48	0.17~1.11
堂尔上乡	1.57	0.54~2.14	11.05	3.94~16.34	1.13	C.42~2.70	9.94	5.68~17.67	0.62	0.21~1.21
王村乡	0.80	0.35~1.50	8.37	4.20~13.67	0.70	0.39~1.21	6.95	3.17~14.00	0.47	0.13~1.24
辛村乡	1.35	0.67~1.77	9.59	4.73~13.00	0.96	0.58~1.61	8.91	4.17~18.67	0.37	0.19~0.64
中庄乡	1.35	0.71~1.93	11.29	4.47~16.34	0.78	0.40~1.27	8.58	5.68~18.00	0.32	0.13~0.71

表3-11　静乐县耕地土壤微量元素分类统计结果（按地形部位）

单位：毫克/千克

类别	有效铜		有效锰		有效锌		有效铁		有效硼	
	平均值	区域值	平均值	区域值	平均值	区域值	平均值	区域值	平均值	区域值
低山丘陵坡地	1.24	0.44~2.47	9.51	3.40~22.67	0.95	0.31~3.61	8.61	3.34~26.66	0.42	0.13~1.27
沟谷、梁、峁、坡	1.07	0.35~2.14	8.59	2.61~18.34	0.90	0.35~2.70	7.64	3.01~20.68	0.45	0.13~1.24
沟谷地	1.05	0.61~1.51	8.21	5.68~11.00	0.81	0.41~1.08	6.82	4.50~9.33	0.41	0.27~0.80
河流冲积平原的河漫滩	0.80	0.42~1.43	6.83	3.67~12.34	0.85	0.37~1.40	5.24	2.34~13.00	0.56	0.25~1.21
河流宽谷阶地	0.97	0.77~1.21	6.42	5.00~7.01	0.73	0.58~0.93	6.77	5.68~8.00	0.49	0.44~0.51
河流二级、二级阶地	0.93	0.50~1.77	7.80	3.94~14.33	0.94	0.44~2.11	5.99	3.67~14.67	0.51	0.27~1.21
黄土丘陵沟谷边地、残垣、残直、残梁	1.23	0.44~1.97	9.31	4.20~17.67	1.03	0.35~3.71	8.69	3.51~22.67	0.43	0.17~1.11
丘陵低山中、下部及坡麓簸平坦地	1.22	0.58~1.87	9.79	5.68~15.00	0.97	0.47~2.11	9.14	4.67~17.67	0.51	0.23~1.11
山地和丘陵中、下部的缓坡地段、地面有一定的缓坡度	1.33	0.61~1.93	10.41	5.68~14.33	0.82	3.54~1.47	7.51	3.67~11.67	0.37	0.27~0.64
中低山上、中部坡腰	1.18	0.58~1.93	9.24	4.20~15.68	1.05	0.44~2.40	8.45	4.67~14.00	0.52	0.23~0.93

表 3 - 12　静乐县耕地土壤微量元素分类统计结果（按成土母质）

单位：毫克/千克

类别	有效铜		有效锰		有效锌		有效铁		有效硼	
	平均值	区域值	平均值	区域值	平均值	区域值	平均值	区域值	平均值	区域值
残积物	1.45	0.77~2.00	12.34	7.67~18.00	1.41	0.61~2.71	13.49	6.0~21.34	0.55	0.28~1.21
人工淤积物	1.17	0.35~1.80	9.45	4.20~17.34	1.01	0.36~3.61	8.45	2.34~26.66	0.43	0.19~1.27
石灰性土质洪积物	1.76	1.61~1.93	12.76	11.67~13.67	1.33	0.8~1.91	14.17	12.0~16.67	0.87	0.71~1.21
黄土母质	1.15	0.36~2.47	8.95	2.61~22.67	0.92	0.31~3.71	8.01	3.01~22.67	0.44	0.13~1.21
沙质黄土母质（物理性黏粒含量<30%）	1.06	0.67~1.61	8.45	6.34~13.67	1.08	0.80~1.61	7.89	5.68~12.34	0.56	0.36~0.77
洪积物	1.02	0.64~1.30	8.03	5.68~8.34	0.91	0.87~1.47	6.55	4.83~7.34	0.48	0.29~1.21
冲积物	0.74	0.738 7	8.56	8.34~9.01	0.62	0.58~0.67	6.01	6.008	0.42	0.422 3

表 3 - 13　静乐县耕地土壤微量元素分类统计结果（按土壤类型）

单位：毫克/千克

类别	有效铜		有效锰		有效锌		有效铁		有效硼	
	平均值	区域值	平均值	区域值	平均值	区域值	平均值	区域值	平均值	区域值
褐土性土（B.e）	1.12	0.35~2.40	8.70	2.61~22.67	0.88	0.31~3.71	7.59	2.34~22.67	0.42	0.13~1.24
石灰性褐土（B.b）	0.83	0.42~1.43	6.88	4.20~11.67	1.06	0.47~2.11	5.00	3.17~7.67	0.56	0.29~1.01
淋溶褐土（B.c）	1.34	0.51~2.34	11.66	5.00~20.68	1.39	0.36~3.61	12.39	4.83~26.66	0.52	0.21~1.11
棕壤（A）	1.38	0.67~1.93	10.32	5.68~16.34	1.05	0.71~2.30	9.92	4.67~17.67	0.55	0.31~1.11
潮土（N）	0.89	0.44~1.61	7.91	3.67~14.33	0.92	0.37~2.01	6.26	3.01~13.00	0.51	0.25~1.21
粗骨土（K）	1.25	0.42~2.47	9.78	3.94~17.34	1.04	0.35~3.31	9.14	3.01~24.33	0.48	0.19~1.21

（二）有效锰

Ⅰ级　全县无分布。

Ⅱ级　有效锰含量在 20.01～30.00 毫克/千克，全县分布面积 0.03 万亩，占总耕地面积的 0.04%，主要分布在娑婆乡。

Ⅲ级　有效锰含量在 15.01～20.01 毫克/千克，全县分布面积 0.9 万亩，占总耕地面积的 1.20%，主要分布在双路乡、娑婆乡、堂尔上乡、中庄乡。

Ⅳ级　有效锰含量在 5.01～15.01 毫克/千克，全县分布面积 72.42 万亩，占总耕地面积的 96.42%，主要分布在赤泥洼乡、杜家村镇、段家寨乡、鹅城镇、丰润镇、康家会镇、娘子神乡、神峪沟乡、双路乡、娑婆乡、堂尔上乡、王村乡、辛村乡、中庄乡。

Ⅴ级　有效锰含量在 1.01～5.01 毫克/千克，全县面积 1.75 万亩，占总耕地面积的 2.34%。主要分布在杜家村镇、段家寨乡、丰润镇。

Ⅵ级　全县无分布。

（三）有效锌

Ⅰ级　有效锌含量＞3.00 毫克/千克，全县面积 0.07 万亩，占总耕地面积的 0.09%。主要分布在娑婆乡。

Ⅱ级　有效锌含量在 1.51～3.00 毫克/千克，全县面积 2.93 万亩，占总耕地面积的 3.90%。主要分布在杜家村镇、鹅城镇、娘子神乡、娑婆乡、堂尔上乡。

Ⅲ级　有效锌含量在 1.01～1.51 毫克/千克，全县面积 18.17 万亩，占总耕地面积的 24.19%。主要分布在赤泥洼乡、杜家村镇、段家寨乡、鹅城镇、丰润镇、康家会镇、娘子神乡、神峪沟乡、双路乡、娑婆乡、堂尔上乡、辛村乡、中庄乡。

Ⅳ级　有效锌含量在 0.51～1.01 毫克/千克，全县分布面积 52.09 万亩，占总耕地面积的 69.35%。主要分布在赤泥洼乡、杜家村镇、段家寨乡、鹅城镇、丰润镇、康家会镇、娘子神乡、神峪沟乡、双路乡、娑婆乡、堂尔上乡、王村乡、辛村乡、中庄乡。

Ⅴ级　有效锌含量在 0.31～0.51 毫克/千克，全县分布面积 1.85 万亩，占总耕地面积的 2.47%。主要分布在段家寨乡、丰润镇、康家会镇、神峪沟乡、双路乡、王村乡。

Ⅵ级　全县无分布。

（四）有效铁

Ⅰ级　有效铁含量≥20.00 毫克/千克，全县面积 0.26 万亩，占总耕地面积的 0.34%，主要分布在娑婆乡。

Ⅱ级　有效铁含量在 15.01～20.00 毫克/千克，全县面积 1.42 万亩，占总耕地面积的 1.89%，主要分布在娑婆乡、堂尔上乡。

Ⅲ级　有效铁含量在 10.01～15.01 毫克/千克，全县面积 7.26 万亩，占总耕地面积的 9.66%，主要分布在赤泥洼乡、杜家村镇、康家会镇、娘子神乡、神峪沟乡、双路乡、娑婆乡、堂尔上乡、王村乡、辛村乡、中庄乡。

Ⅳ级　有效铁含量在 5.01～10.01 毫克/千克，全县面积 59.61 万亩，占总耕地面积的 79.37%。主要分布在赤泥洼乡、杜家村镇、段家寨乡、鹅城镇、丰润镇、康家会镇、娘子神乡、神峪沟乡、双路乡、娑婆乡、堂尔上乡、王村乡、辛村乡、中庄乡。

Ⅴ级　有效铁含量在 2.51～5.01 毫克/千克，全县面积 6.56 万亩，占总耕地面积的

8.74%。主要分布在杜家村镇、段家寨乡、鹅城镇、丰润镇、康家会镇、双路乡、王村乡、辛村乡。

Ⅵ级　有效铁含量≤2.51毫克/千克，全县面积0.000 5万亩，占总耕地面积的0.000 7%。主要分布在双路乡。

（五）有效硼

Ⅰ级　全县无分布。

Ⅱ级　全县无分布。

Ⅲ级　有效硼含量在1.01~1.51毫克/千克，全县面积0.29万亩，占总耕地面积的0.38%。主要分布在堂尔上乡。

Ⅳ级　有效硼含量在0.51~1.01毫克/千克，全县面积14.67万亩，占总耕地面积的19.53%。主要分布在赤泥洼乡、杜家村镇、段家寨乡、鹅城镇、丰润镇、康家会镇、娘子神乡、神峪沟乡、双路乡、娑婆乡、堂尔上乡、王村乡、辛村乡。

Ⅴ级　有效硼含量在0.21~0.51毫克/千克，全县面积59.82万亩，占总耕地面积的79.65%。主要分布在赤泥洼乡、杜家村镇、段家寨乡、鹅城镇、丰润镇、康家会镇、娘子神乡、神峪沟乡、双路乡、娑婆乡、堂尔上乡、王村乡、辛村乡、中庄乡。

Ⅵ级　有效硼含量≤0.21毫克/千克，全县面积0.33万亩，占总耕地面积的0.44%。主要分布在赤泥洼乡、丰润镇、娘子神乡、娑婆乡、中庄乡。

微量元素分级面积统计见表3-14。

表3-14　静乐县耕地土壤微量元素分级面积

项目	Ⅰ 百分比(%)	Ⅰ 面积(万亩)	Ⅱ 百分比(%)	Ⅱ 面积(万亩)	Ⅲ 百分比(%)	Ⅲ 面积(万亩)	Ⅳ 百分比(%)	Ⅳ 面积(万亩)	Ⅴ 百分比(%)	Ⅴ 面积(万亩)	Ⅵ 百分比(%)	Ⅵ 面积(万亩)
有效铜	0.18	0.14	10.19	7.65	55.64	41.79	33.74	25.34	0.24	0.18	0	0
有效锌	0.09	0.07	3.90	2.93	24.19	18.17	69.35	52.09	2.47	1.85	0	0
有效铁	0.34	0.26	1.89	1.42	9.66	7.26	79.37	59.61	8.74	6.56	0.000 7	0.000 5
有效锰	0	0	0.04	0.03	1.20	0.90	96.43	72.42	2.34	1.75	0	0
有效硼	0	0	0	0	0.38	0.29	19.53	14.67	79.65	59.82	0.44	0.33

第五节　其他理化性状

一、土壤pH

静乐县耕地土壤pH在7.58~8.59，平均为8.22。见表3-15。

（1）不同行政区域：辛村乡平均值最高，为8.35；其下依次是娘子神乡，平均值为8.3；鹅城镇，平均值为8.29；神峪沟乡，平均值为8.29；中庄乡，平均值为8.27；赤泥洼乡，平均值为8.21；杜家村镇，平均值为8.21；丰润镇，平均值为8.2；双路乡，平均值为8.19；康家会镇，平均值为8.18；王村乡，平均值为8.18；段家寨乡，平均值为 8.14；娑婆乡，平均值为 8.13；最低是堂尔上乡，平均值为 8.1。

（2）不同地形部位：山地和丘陵中、下部的缓坡地段，地面有一定的坡度平均值最高，为 8.28；其下依次是低山丘陵坡地，平均值为 8.22；沟谷、梁、峁、坡，平均值为 8.21；沟谷地，平均值 8.2，黄土丘陵沟谷边地、残垣、残梁，平均值为 8.2；河流宽谷阶地，平均值为 8.19；河流一级、二级阶地，平均值为 8.18；河流冲积平原的河漫滩，平均值为 8.17；丘陵低山中、下部及坡麓平坦地，平均值为 8.16；最低是中低山上、中部坡腰，平均值 8.16。

（3）不同母质：黄土母质平均值最高，为 8.22；其下依次是人工淤积物，平均值为 8.2；洪积物，平均值为 8.2；冲积物，平均值为 8.2；石灰性土质洪积物，平均值为 8.17；沙质黄土母质（物理性黏粒含量＜30％），平均值为 8.17；最低是残积物，平均值为 8.1。

（4）不同土壤类型：褐土性土平均值最高，为 8.23；其下依次是石灰性褐土，平均值为 8.19；潮土，平均值为 8.18；棕壤，平均值为 8.17；粗骨土，为 8.17；最低是淋溶褐土，为 8.13。

表 3 - 15　静乐县耕地土壤 pH 平均值统计结果

类别		pH	
		平均值	区域值
行政区域	赤泥洼乡	8.21	7.58～8.36
	杜家村镇	8.21	7.73～8.52
	段家寨乡	8.14	7.58～8.36
	鹅城镇	8.29	7.97～8.59
	丰润镇	8.2	8.05～8.44
	康家会镇	8.18	7.73～8.36
	娘子神乡	8.3	8.05～8.59
	神峪沟乡	8.29	8.13～8.52
	双路乡	8.19	7.73～8.36
	娑婆乡	8.13	7.81～8.36
	堂尔上乡	8.1	7.66～8.36
	王村乡	8.18	7.97～8.44
	辛村乡	8.35	8.13～8.59
	中庄乡	8.27	7.97～8.59
土壤类型	褐土性土	8.23	7.58～8.59
	石灰性褐土	8.19	8.05～8.52
	淋溶褐土	8.13	7.81～8.44
	棕壤	8.17	7.89～8.36
	潮土	8.18	7.81～8.52
	粗骨土	8.17	7.58～8.59

（续）

类别		pH	
		平均值	区域值
地形部位	低山丘陵坡地	8.22	7.58～8.59
	沟谷、梁、峁、坡	8.21	7.58～8.52
	沟谷地	8.2	7.97～8.36
	河流冲积平原的河漫滩	8.17	7.89～8.36
	河流宽谷阶地	8.19	8.05～8.28
	河流一级、二级阶地	8.18	7.58～8.36
	黄土丘陵沟谷边地、残垣、残梁	8.2	7.58～8.52
	丘陵低山中、下部及坡麓平坦地	8.16	7.97～8.36
	山地和丘陵中、下部的缓坡地段，地面有一定的坡度	8.28	8.05～8.44
	中低山上、中部坡腰	8.16	7.97～8.36
土壤母质	残积物	8.1	7.73～8.36
	人工淤积物	8.2	7.58～8.52
	洪积物	8.2	7.58～8.52
	石灰性土质洪积物	8.17	8.13～8.20
	黄土母质	8.22	7.58～8.59
	沙质黄土母质（物理性黏粒含量＜30％）	8.17	7.97～8.28
	冲积物	8.2	8.2

二、耕层质地

土壤质地是土壤的重要物理性质之一，不同的质地对土壤肥力高低、耕性好坏、生产性能的优劣具有很大影响。

土壤质地亦称土壤机械组成，指不同粒径颗粒在土壤中占有的比例组合。根据卡庆斯基质地分类，粒径大于 0.01 毫米为物理性沙粒，小于 0.01 毫米为物理性黏粒。根据其沙黏含量及其比例，主要可分为沙土、壤土、黏土 3 类。

静乐县耕层土壤质地除发育在红黄土母质上的以外，其耕层物理性黏粒含量大都在 20％～30％，属轻壤质地，见表 3-16。

表 3-16 静乐县土壤耕层质地概况

质地类型	耕种土壤（亩）	占耕种土壤（％）
沙壤土	24 588.97	3.27
轻壤土	443 539.17	59.06
中壤土	277 814.62	36.99
黏土	5 107.29	0.68
合计	751 050.05	100

从表 3-16 可知，静乐县壤土面积居首位，占到全县总面积的 99.32%，其中中壤或轻壤（俗称绵土）物理性沙粒大于 55%，物理性黏粒小于 45%，沙黏适中，大小孔隙比例适当，通透性好，保水保肥，养分含量丰富，有机质分解快，供肥性好，耕作方便，适耕期早，耕作质量好，发小苗亦发老苗。因此，一般壤质土，水、肥、气、热比较协调，从质地上看，是农业上较为理想的土壤。

沙壤土占全县耕地总面积的 3.27%，其物理性沙粒高达 80% 以上，土质较沙，疏松易耕，粒间孔隙度大，通透性好，但保水保肥性能差，抗旱力弱，供肥性差，前劲强后劲弱，发小苗不发老苗。

三、土体构型

土体构型是指整个土体各层次质地排列组合情况。它对土壤水、肥、气、热等各个肥力因素有制约和调节作用，特别对土壤水、肥贮藏与流失有较大影响。因此，良好的土体构型是土壤肥力的基础。根据土层厚薄及上下层次质地和松紧情况，全县土体构型可概括为以下几种类型。

1. 薄层型　其厚度 30～60 厘米，在静乐县可分为 2 种类型，一种是山地薄层型，发育于残积、坡积物母质上的山地土壤多属此类，目前农业利用极少，应保护和增加植被、减少土壤侵蚀。另一种是河滩薄层型，分布在碾河、汾河的河谷两侧，近河床部位，土层之下就是沙砾石层，保供水肥能力较差，可采用堆垫、洪淤，不断加厚土层，使之变为优良农田。

2. 通体型　指土壤剖面的上下各层质地相差一级或均一的土质构型，大体有两种：其一，通体轻壤质型，发育于黄土及黄土状母质上的土壤多为此类，其特点是土体深厚、土性软绵、上下质地均匀、层次分化不明显、土温变化不大，水肥气热之间的关系较为协调，保供水肥能力较好。其二，通体中壤质型，主要是指发育在红黄土母质上的土壤，面积较小，特点是土体深厚、土壤紧实、除表层因耕作熟化影响外、通体质地为中壤—重壤、通气透水性差、土性冷、保水肥力强而供水肥力弱，需深耕掺沙增肥，改变其不良质地。

四、土壤结构

构成土壤骨架的矿物质颗粒，在土壤中并非彼此孤立、毫无相关的堆积在一起，而往往是受各种作物胶结成形状不同、大小不等的团聚体。各种团聚体和单粒在土壤中的排列方式称为土壤结构。

土壤结构是土体构造的一个重要形态特征，它关系着土壤水、肥、气、热状况的协调，土壤微生物的活动、土壤耕性和作物根系的伸展，是影响土壤肥力的重要因素。

静乐县耕作土壤结构大致如下：

1. 表土层　即耕作层，一般厚度为 0～20 厘米，甚至更薄，该层的土壤结构多为屑粒状，不太理想。应增施有机肥、适时耕作、合理轮作，促进土壤团粒结构形成。

2. 犁底层　位于耕作层之下，厚 7 厘米左右，是人类生产活动及受犁的机械压力形成的。特点是紧实，多为块状和片状结构，因而此层通气透水性差，影响上下层土壤的物质转移和能量传递，妨碍作物根系的下扎。今后需要隔年深耕，加厚活土层、打破犁底层，但对于全县心土层质地偏沙易漏水肥的土壤，则应保持松紧适宜的犁底层，以利保水托肥。

在静乐县部分黄土丘陵地带，由于水土流失的影响，活土层流失过多，耕层逐年下切，故犁底层不甚明显。

3. 心土层 在犁底层之下，厚20～50厘米，由于受外界影响较少，土壤紧实，多为块状结构。

4. 底土层 一般为60～70厘米。

五、土壤孔隙状况

土壤是多孔体，土粒、土壤团聚体之间以及团聚体内部均有孔隙。单位体积土壤孔隙所占的百分数，称土壤孔隙度，也称总孔隙度。

土壤孔隙的数量、大小、形状很不相同，它是土壤水分与空气的流通通道和贮存场所，它密切影响着土壤中水、肥、气、热等因素的变化与供应情况。因此，了解土壤孔隙的大小、分布、数量和质量，在农业生产上有非常重要的意义。

土壤孔隙度的状况取决于土壤质地、结构、土壤有机质、土粒排列方式及人为因素等。黏土孔隙多而小，通透性差；沙质土孔隙少而粒间孔隙大，通透性强；壤土则孔隙大小比例适中。土壤孔隙可分3种类型。

1. 无效孔隙 孔隙直径小于0.001毫米，作物根毛难于伸入，为土壤结合水充满，孔隙中水分被土粒强烈吸附，故不能被植物吸收利用，水分不能运动也不通气，对作物来说是无效孔隙。

2. 毛管孔隙 孔隙直径为0.001～0.1毫米，具有毛管作用，水分可借毛管弯月面力保持贮存在内，并靠毛管引力向上下左右移动，对作物是最有效水分。

3. 非毛细管孔隙 即孔隙直径大于0.1毫米的大孔隙，不具毛管作用，不保持水分，为通气孔隙，直接影响土壤通气、透水和排水的能力。

土壤孔隙一般为30%～60%，对农业生产来说，土壤孔隙以稍大于50%为好，要求无效孔隙尽量低些。非毛管孔隙应保持在10%以上，若小于5%，则通气、渗水性能不良。

静乐县耕层土壤总孔隙一般在47%～56%，孔径分配较为适当，既有一定数量的通气孔隙，也有较多的毛管孔隙，有利于水气协调，有利于作物生长发育。

第六节 耕地土壤属性综述与养分动态变化

一、耕地土壤属性综述

静乐县3 900个土样点测定结果表明，耕地土壤有机质平均含量为10.68±3.77克/

千克，全氮平均含量为 0.59±0.22 克/千克，有效磷平均含量为 9.11±3.47 毫克/千克，速效钾平均含量为 118.37±35.82 毫克/千克，缓效钾平均含量为 704.37±103.42 毫克/千克，有效铁平均含量为 8.10±2.82 毫克/千克，有效锰平均值为 9.03±2.19 毫克/千克，有效铜平均含量为 1.15±0.30 毫克/千克，有效锌平均含量为 0.94±0.35 毫克/千克，有效硼平均含量为 0.44±0.13 毫克/千克，有效硫平均含量为 19.54±7.45 毫克/千克，pH 平均为 8.22±0.10。见表 3-17。

表 3-17　静乐县耕地土壤属性总体统计结果

项目名称	评价单元（个）	平均值	最大值	最小值	标准差	变异系数（%）
有机质（克/千克）	29 347	10.68	34.25	3.61	3.77	35.28
全氮（克/千克）	29 347	0.59	1.82	0.05	0.22	62.16
有效磷（毫克/千克）	29 347	9.11	35.66	1.61	3.47	38.07
速效钾（毫克/千克）	29 347	118.37	479.69	47.72	35.82	30.26
缓效钾（毫克/千克）	29 347	704.37	1 040.51	257.16	103.42	14.68
有效铁（毫克/千克）	29 347	8.10	26.66	2.34	2.82	34.81
有效锰（毫克/千克）	29 347	9.03	22.67	2.61	2.19	36.93
有效铜（毫克/千克）	29 347	1.15	2.47	0.35	0.30	26.22
有效锌（毫克/千克）	29 347	0.94	3.71	0.31	0.35	36.93
有效硼（毫克/千克）	29 347	0.44	1.27	0.13	0.13	29.85
有效硫（毫克/千克）	29 347	19.54	113.41	5.54	7.45	38.11
pH	29 347	8.22	8.59	7.58	0.10	1.25

二、有机质及大量元素的演变

随着农业生产的发展及施肥、耕作经营管理水平的变化，耕地土壤有机质及大量元素也随之变化。与1984年全国第二次土壤普查时的耕层养分测定结果相比，23 年间，土壤有机质增加了 3.98 克/千克，全氮增加了 0.07 克/千克，有效磷增加了 3.45 毫克/千克，速效钾增加了 38.75 毫克/千克。详见表 3-18、表 3-19。

表 3-18　静乐县耕地土壤养分动态变化

	有机质（克/千克）	全氮（克/千克）	有效磷（毫克/千克）	速效钾（毫克/千克）
第二次土壤普查	6.70	0.58	5.66	79.8
本次调查	10.68	0.59	9.11	118.37
增减	3.98	0.07	3.45	38.57

表 3 - 19　静乐县不同土壤类型养分动态变化

项目			土壤类型（亚类）							
			潮土	褐土性土	淋溶褐土	石灰性褐土	盐化潮土	粗骨土	棕壤	棕壤性土
有机质（克/千克）	第二次土壤普查		9.20	6.70	37.8	8.70	6.90	17.40	53.80	49.80
	大田	本次调查	10.75	9.74	15.48	9.84	9.38	12.77	14.23	19.59
		增减	1.55	3.04	−22.32	1.14	2.48	−4.63	−39.57	−30.21
全氮（克/千克）	第二次土壤普查		0.44	0.46	1.90	5.10	0.40	1.20	2.70	3.22
	大田	本次调查	0.36	0.31	0.43	0.47	0.44	0.42	0.41	0.86
		增减	−0.08	0.15	−1.47	2.63	0.04	−0.78	−2.29	−2.36
有效磷（毫克/千克）	第二次土壤普查		7.40	5.20	6.60	5.67	5.34	5.80	12.47	8.34
	大田	本次调查	9.66	8.56	12.18	8.92	8.11	10.25	10.2	13.72
		增减	2.26	3.36	5.58	3.25	2.77	4.45	−2.27	5.38
速效钾（毫克/千克）	第二次土壤普查		74.4	66.3	96.1	80.9	67.9	87.7	103.2	168.5
	大田	本次调查	100.02	111.69	167.25	104.63	102.31	131.80	125.77	156.74
		增减	25.62	45.39	71.15	23.73	34.41	44.1	22.57	−11.76

第四章　耕地地力评价

第一节　耕地地力分级

一、面积统计

静乐县总耕地 75.1 万亩，其中水浇地 6 350 亩，占总耕地面积的 0.86%；旱地 74.46 万亩，占耕地总面积的 99.1%。

按照《全国耕地类型区、耕地地力等级划分》（NY/T 309—1996）标准，通过对 29 347 个评价单元 IFI 值的计算，对照分级标准，确定每个评价单元的地力等级，汇总结果见表 4-1。

表 4-1　静乐县耕地地力统计

等级	面积（亩）	所占比重（%）
1	45 686.61	6.08
2	144 332.69	19.22
3	166 601.46	22.18
4	134 079.38	17.85
5	132 647.86	17.66
6	94 227.87	12.55
7	33 474.18	4.46
合计	751 050.05	100

二、地域分布

静乐县耕地主要分布在汾河流域的一级、二级阶地和广大的黄土丘陵区，面积广阔。

第二节　耕地地力等级分布

一、一　级　地

（一）面积和分布

本级耕地主要分布在丰润镇、神峪沟乡、鹅城镇及段家寨乡汾河一级台地。面积为 45 686.61 亩，占全县总耕地面积的 6.08%。

（二）主要属性分析

汾河的河漫滩和一级阶地位于静乐县丰润镇、神峪沟乡、鹅城镇及段家寨乡的中心腹地。土地平坦，土壤包括潮土、粗骨土、褐土、棕壤，成土母质主要为残积物、人工淤积物、洪积物、石灰性土质洪积物、黄土母质，地面坡度为 0°~8°。耕层质地主要为沙壤土、轻壤土、中壤土、中黏土，耕层厚度平均值为 20.31 厘米，pH 的变化范围在 7.73~8.44，平均值为 8.17。地势平缓，无侵蚀、保水，地下水位浅且水质良好，灌溉保证率为 15%。地面平坦，园田化水平高。

本级耕地土壤有机质平均含量为 11.75 克/千克；有效磷平均含量为 10.50 毫克/千克，速效钾平均含量为 118.13 毫克/千克，全氮平均含量为 0.50 克/千克。详见表 4-2。

表 4-2 一级地土壤养分统计

项目	平均值	最大值	最小值	标准差	变异系数（%）
有机质（克/千克）	11.75	33.92	5.34	5.25	44.67
全氮（克/千克）	0.50	1.82	0.07	0.30	59.57
有效磷（毫克/千克）	10.50	30.38	4.03	4.21	40.07
速效钾（毫克/千克）	118.13	286.94	57.53	30.68	25.97
缓效钾（毫克/千克）	720	1 001	284	117.71	16.35
pH	8.17	8.44	7.73	0.08	1.04
有效硫（毫克/千克）	24.49	113.41	7.26	11.62	47.44
有效锰（毫克/千克）	8.46	15.00	3.94	2.07	24.49
有效硼（毫克/千克）	0.52	1.21	0.25	0.16	30.77
有效铜（毫克/千克）	1.06	1.93	0.50	0.35	32.74
有效锌（毫克/千克）	0.98	2.11	0.44	0.27	27.25
有效铁（毫克/千克）	6.81	17.01	3.67	2.42	35.47

该级耕地农作物生产历来水平较高，从农户调查表来看，玉米亩产 550 千克，效益显著；蔬菜产量占全县的 60% 以上，是静乐县重要的蔬菜生产基地。

（三）主要存在问题

一是土壤肥力与高产高效的需求仍不适应。二是部分区域地下水资源贫乏，水位持续下降，更新深井，加大了生产成本。三是多年种菜的部分地块，化肥施用量不断提升，有机肥施用不足，引起土壤板结，土壤团粒结构分配不合理。影响土壤环境质量的障碍因素是城郊的极个别菜地污染。尽管国家有一系列的种粮优惠政策，但最近几年农资价格的飞速猛长，农民的种粮积极性严重受挫，对土壤进行粗放式管理。

（四）合理利用

本级耕地在利用上应从主攻高产玉米入手，另外大力发展设施农业，加快蔬菜生产发展。

二、二 级 地

（一）面积与分布

主要分布在丰润镇、神峪沟乡、鹅城镇及段家寨乡的汾河二级台地，及杜家村鸣河、双路乡双路河、娘子神乡东碾河、康家会乡东碾河的河谷阶地，面积 144 332.69 亩，占耕地总面积的 19.22%。

（二）主要属性分析

本级耕地包括潮土、粗骨土、褐土、棕壤四个土类，成土母质为残积物、人工淤积物、洪积物、石灰性土质洪积物、黄土母质、沙质黄土母质（物理性黏粒含量＜30%），不具备灌溉条件。地面平坦，地面坡度小于 0°～15°，园田化水平低。耕层厚度平均为 21.04 厘米，本级土壤 pH 在 7.58～8.59，平均值为 8.21，详见表 4-3。

表 4-3　二级地土壤养分统计

项目	平均值	最大值	最小值	标准差	变异系数（%）
有机质（克/千克）	11.75	33.26	4.60	4.54	38.62
全氮（克/千克）	0.37	1.62	0.05	0.28	74.46
有效磷（毫克/千克）	10.76	31.04	2.09	3.99	37.10
速效钾（毫克/千克）	134.47	479.69	60.80	41.70	31.01
缓效钾（毫克/千克）	719	1 041	284	109.50	15.24
pH	8.21	8.59	7.58	0.11	1.40
有效硫（毫克/千克）	19.39	113.41	7.26	8.62	44.47
有效锰（毫克/千克）	9.80	22.67	3.67	2.40	24.45
有效硼（毫克/千克）	0.46	1.21	0.19	0.15	32.51
有效铜（毫克/千克）	1.24	2.47	0.42	0.32	26.06
有效锌（毫克/千克）	0.95	3.61	0.31	0.37	39.24
有效铁（毫克/千克）	8.66	22.34	3.01	3.07	35.38

本级耕地土壤有机质平均含量为 11.75 克/千克；有效磷平均含量为 10.76 毫克/千克；速效钾平均含量为 134.47 毫克/千克；全氮平均含量为 0.37 克/千克。

本级耕地所在区域为深井灌溉区，是静乐县的主要粮食生产区，经济效益较高。玉米生产水平较高，粮食生产处于全县上游水平，近 3 年平均亩产 500 千克，是静乐县重要的粮、菜生产基地。

（三）主要存在问题

盲目施肥现象严重，有机肥施用量少，由于产量高造成土壤肥力下降，农产品品质降低。

（四）合理利用

应"用养结合"，以培肥地力为主。一是合理布局，实行轮作、倒茬，尽可能做到须根与直根、深根与浅根、豆科与禾本科、夏作与秋作、高秆与矮秆作物轮作，使养分调剂、余缺互补。二是推广玉米秸秆还田，提高土壤有机质含量。三是推广测土配方施肥技术，建设高标准农田。

三、三 级 地

（一）面积与分布

主要分布丰润镇、神峪沟乡、鹅城镇及段家寨乡的汾河二级台地及王村乡西碾河、扶头会河，杜家村镇鸣河的河谷阶地，面积为 166 601.46 亩，占总耕地面积的 22.18%。

（二）主要属性分析

本级耕地自然条件较好，地势平坦。耕地包括潮土、粗骨土、褐土、棕壤 4 个土类，成土母质为残积物、人工淤积物、洪积物、黄土母质、沙质黄土母质（物理性黏粒含量＜30%）、冲积物。耕层质地为沙壤土、轻壤土、中壤土、中黏土，耕层厚度为 20.27 厘米，不具备灌溉条件。地面基本平坦，地面坡度 0°～15°，园田化水平较低。本级耕地的 pH 变化范围为 7.89～8.59，平均值为 8.24。

本级耕地土壤有机质平均含量 9.95 克/千克，有效磷平均含量为 8.48 毫克/千克；速效钾平均含量为 113.16 毫克/千克；全氮平均含量为 0.31 克/千克。详见表 4 - 4。

表 4 - 4 三级地土壤养分统计

项目	平均值	最大值	最小值	标准差	变异系数（%）
有机质（克/千克）	9.95	30.62	3.61	2.88	28.90
全氮（克/千克）	0.31	1.40	0.05	0.16	53.22
有效磷（毫克/千克）	8.48	35.66	1.61	3.06	36.06
速效钾（毫克/千克）	113.16	375.15	60.80	30.65	27.08
缓效钾（毫克/千克）	693	961	284	100.29	14.47
pH	8.24	8.59	7.89	0.10	1.25
有效硫（毫克/千克）	19.39	60.08	7.26	6.32	32.57
有效锰（毫克/千克）	8.94	20.68	3.40	1.97	22.01
有效硼（毫克/千克）	0.43	1.11	0.15	0.11	26.83
有效铜（毫克/千克）	1.15	2.21	0.42	0.28	24.24
有效锌（毫克/千克）	0.92	3.61	0.34	0.33	36.17
有效铁（毫克/千克）	8.17	26.66	2.34	2.66	32.54

本级耕地所在区域粮食生产水平较高，据调查统计，马铃薯亩产 1 100 千克，杂粮平均亩产 100 千克以上，效益较好。

（三）主要存在问题

本级耕地的微量元素硼、铁等含量偏低。

（四）合理利用

①科学种田。本区农业生产水平属中上，粮食产量高，就土壤、水利条件而言，并没有充分显示出高产性能。因此，应采用先进的栽培技术，如选用优种、科学管理、平衡施

肥等。施肥上，应多喷一些硫酸铁、硼砂、硫酸锌等，充分发挥土壤的丰产性能，夺取各种作物高产。

②作物布局。本区今后应在种植业发展方向上主攻小杂粮。

四、四 级 地

(一) 面积与分布

零星分布在静乐县各乡（镇）的丘陵区中高部，面积 134 079.38 亩，占总耕地面积的 17.85%。

(二) 主要属性分析

该级耕地分布范围较大，土壤类型包括潮土、粗骨土、褐土、棕壤。成土母质主要有残积物、人工淤积物、洪积物、黄土母质、沙质黄土母质（物理性黏粒含量＜30%）、冲积物。耕层土壤质地为沙壤土、轻壤土、中壤土，耕层厚度平均为 20.04 厘米，不具备灌溉条件。地面基本平坦，地面坡度 0°～15°，园田化水平较低。本级土壤 pH 在 7.81～8.59，平均值为 8.22。

本级耕地上壤有地面机质平均含量为 9.89 克/千克，全氮平均含量为 0.35 克/千克；有效磷平均含量为 8.57 毫克/千克；速效钾平均含量为 112.61 毫克/千克；有效铜平均含量为 1.08 毫克/千克；有效锰平均含量为 8.47 毫克/千克，有效锌平均含量为 0.89 毫克/千克；有效铁平均含量为 7.50 毫克/千克；有效硼平均含量为 0.43 毫克/千克；有效硫平均含量为 19.10 毫克/千克。详见表 4 - 5。

表 4 - 5 四级地土壤养分统计

项目	平均值	最大值	最小值	标准差	变异系数（%）
有机质（克/千克）	9.89	34.25	3.61	3.03	30.65
全氮（克/千克）	0.35	1.80	0.05	0.15	43.61
有效磷（毫克/千克）	8.57	30.05	2.58	2.83	32.99
速效钾（毫克/千克）	112.61	394.75	64.07	32.13	28.53
缓效钾（毫克/千克）	709	1 001	337	98.16	13.84
pH	8.22	8.59	7.81	0.09	1.05
有效硫（毫克/千克）	19.10	100.00	6.40	6.40	33.53
有效锰（毫克/千克）	8.47	19.67	2.61	2.13	25.19
有效硼（毫克/千克）	0.43	1.21	0.13	0.11	26.69
有效铜（毫克/千克）	1.08	1.93	0.35	0.29	27.13
有效锌（毫克/千克）	0.89	3.11	0.35	0.32	35.52
有效铁（毫克/千克）	7.50	23.34	3.17	2.66	35.50

主要种植作物以杂粮为主，杂粮平均亩产 80 千克以上，处于静乐县的中等偏低水平。

(三) 主要存在问题

一是灌溉条件较差，干旱较为严重。二是本级耕地的中量元素镁、硫含量偏低，微量元素的硼、铁、锌含量偏低，今后在施肥时应合理补充。

（四）合理利用

平衡施肥。中产田的养分失调，大大地限制了作物增产。因此，要在不同区域的中产田上，大力推广平衡施肥技术，进一步提高耕地的增产潜力。

五、五 级 地

（一）面积与分布

零星分布在静乐县各乡（镇）的丘陵区中高部，面积 132 647.86 亩，占总耕地面积的 17.66%。

（二）主要属性分析

该区域为丘陵区，土壤主要为潮土、粗骨土、褐土、棕壤。成土母质主要为残积物、人工淤积物、洪积物、黄土母质、沙质黄土母质（物理性黏粒含量<30%），耕层质地主要为沙壤土、轻壤土、中壤土、中黏土。耕层厚度为 20.08 厘米，不具备灌溉条件。pH 为 7.81~8.51，平均值为 8.22。

本级耕地土壤有机质平均含量为 10.11 克/千克，有效磷平均含量为 8.25 毫克/千克，速效钾平均含量为 109.55 毫克/千克；全氮平均含量为 0.37 克/千克。详见表 4-6。

表 4-6　五级地土壤养分统计

项目	平均值	最大值	最小值	标准差	变异系数（%）
有机质（克/千克）	10.11	33.26	3.61	3.99	39.49
全氮（克/千克）	0.37	1.68	0.05	0.21	56.43
有效磷（毫克/千克）	8.25	30.71	2.34	3.34	40.44
速效钾（毫克/千克）	109.55	329.41	64.07	33.44	30.52
缓效钾（毫克/千克）	712	981	323	89.49	12.56
pH	8.22	8.52	7.81	0.10	1.25
有效硫（毫克/千克）	18.87	86.69	5.54	6.06	32.11
有效锰（毫克/千克）	8.76	21.34	2.61	2.24	25.52
有效硼（毫克/千克）	0.43	1.24	0.13	0.12	28.15
有效铜（毫克/千克）	1.12	1.97	0.44	0.33	29.45
有效锌（毫克/千克）	0.93	3.41	0.37	0.35	37.98
有效铁（毫克/千克）	7.88	21.34	3.01	3.05	38.66

种植作物以杂粮为主，据调查统计，杂粮平均亩产 60 千克以上，效益较低。

（三）主要存在问题

耕地土壤养分中量，微量元素为中等偏下，地下水位较深、浇水困难。

（四）合理利用

改良土壤，主要措施是除增施有机肥、秸秆还田外，还应种植苜蓿、豆类等养地作物，通过轮作倒茬，改善土壤理化性质。在施肥上除增加农家肥施用量外，应多施氮肥、平衡施肥，搞好土壤肥力协调。丘陵区应整修梯田，培肥地力、防蚀保土，建设高产基本农田。

六、六 级 地

（一）面积与分布

主要分布在杜家村、康家会、娑婆、赤泥洼、堂尔上等乡（镇）的丘陵高部，面积94 227.87亩，占总耕地面积的12.55%。

（二）主要属性分析

该区域为丘陵区，土壤主要为潮土、粗骨土、褐土、棕壤。成土母质主要为残积物、人工淤积物、洪积物、黄土母质、沙质黄土母质（物理性黏粒含量<30%），耕层质地主要为沙壤土、轻壤土、中壤土、中黏土。耕层厚度为20.24厘米，不具备灌溉条件。pH为7.73~8.52，平均值为8.2。详见表4-7。

表4-7　六级地土壤养分统计

项目	平均值	最大值	最小值	标准差	变异系数（%）
有机质（克/千克）	11.72	25.34	5.67	3.33	28.41
全氮（克/千克）	0.33	1.28	0.07	0.21	64.20
有效磷（毫克/千克）	9.20	26.75	3.79	3.04	33.01
速效钾（毫克/千克）	120.29	326.14	47.72	37.63	31.28
缓效钾（毫克/千克）	679	961	257	119.55	17.60
pH	8.20	8.52	7.73	0.09	1.05
有效硫（毫克/千克）	19.69	73.39	5.54	7.87	39.97
有效锰（毫克/千克）	9.22	20.00	4.20	2.01	21.82
有效硼（毫克/千克）	0.45	1.27	0.17	0.14	30.58
有效铜（毫克/千克）	1.17	1.97	0.44	0.24	20.80
有效锌（毫克/千克）	1.05	3.71	0.39	0.38	36.53
有效铁（毫克/千克）	8.57	20.68	3.51	2.60	30.38

本级耕地土壤有机质平均含量为11.72克/千克，有效磷平均含量为9.20毫克/千克，速效钾平均含量为120.29毫克/千克；全氮平均含量为0.33克/千克。种植作物以杂粮为主，据调查统计，小麦平均亩产60千克，杂粮平均亩产80千克以上，效益较好。

（三）主要存在问题

耕地土壤养分中量，微量元素为中等偏下，地下水位较深、浇水困难。

（四）合理利用

改良土壤。主要措施是除增施有机肥、秸秆还田外，还应种植苜蓿、豆类等养地作物，通过轮作倒茬，改善土壤理化性质。在施肥上除增加农家肥施用量外，应多施氮肥、平衡施肥，搞好土壤肥力协调。丘陵区应整修梯田，培肥地力、防蚀保土，建设高产基本农田。

七、七 级 地

（一）面积与分布

主要分布在赤泥洼、娑婆、杜家村等乡（镇）的山地，面积 33 474.18 亩，占总耕地面积的 4.46%。

（二）主要属性分析

土壤主要为潮土、粗骨土、褐土。成土母质主要为人工淤积物、黄土母质，耕层质地主要为沙壤土、轻壤土、中壤土、中黏土。耕层厚度为 20.01 厘米，不具备灌溉条件。pH 为 7.58～8.52，平均值为 8.22。

本级耕地土壤有机质平均含量为 10.61 克/千克，有效磷平均含量为 7.82 毫克/千克，速效钾平均含量为 117.49 毫克/千克；全氮平均含量为 0.21 克/千克。详见表 4-8。

种植作物以杂粮为主，据调查统计，杂粮平均亩产 50 千克以上，效益较低。

表 4-8 七级地土壤养分统计

项目	平均值	最大值	最小值	标准差	变异系数（%）
有机质（克/千克）	10.61	17.32	6.00	1.62	15.25
全氮（克/千克）	0.21	0.73	0.07	0.10	45.40
有效磷（毫克/千克）	7.82	15.00	3.79	1.74	22.19
速效钾（毫克/千克）	117.49	214.07	67.34	20.06	17.07
缓效钾（毫克/千克）	687	867	284	69.85	10.16
pH	8.22	8.52	7.58	0.11	1.38
有效硫（毫克/千克）	20.26	66.73	9.84	6.99	34.52
有效锰（毫克/千克）	8.96	15.00	4.73	1.59	17.78
有效硼（毫克/千克）	0.38	0.84	0.19	0.11	28.71
有效铜（毫克/千克）	1.23	1.64	0.74	0.15	11.89
有效锌（毫克/千克）	0.89	2.70	0.35	0.26	28.80
有效铁（毫克/千克）	8.21	13.67	4.34	1.63	19.89

（三）主要存在问题

耕地土壤养分中量，微量元素为中等偏下，地下水位较深、浇水困难。

（四）合理利用

改良土壤。主要措施是除增施有机肥、秸秆还田外，还应种植苜蓿、豆类等养地作物，通过轮作倒茬，改善土壤理化性质。在施肥上除增加农家肥施用量外，应多施氮肥、平衡施肥，搞好土壤肥力协调。丘陵区应整修梯田、培肥地力、防蚀保土，建设高产基本农田。

静乐县耕地地力分级情况见表 4-9。

表 4-9 各乡（镇）不同等级耕地数量统计

单位：亩，%

乡（镇）	一级		二级		三级		四级		五级		六级		七级		合计
	面积	百分比	面积	百分比	面积	百分比	面积	百分比	面积	百分比	面积	百分比	面积	百分比	
赤泥洼乡	0	0	186.42	0.13	3 891.91	2.34	12 734.3	9.50	10 439.6	7.87	32 470.94	34.46	23 767.91	71.00	83 491.11
杜家村镇	564.59	1.25	9 873.63	6.84	8 280.16	4.97	10 299.35	7.68	6 062.07	4.57	21 181.99	22.48	268.35	0.80	56 530.14
段家寨乡	9 952.11	21.78	10 083.37	6.99	5 622.66	3.37	8 012.16	5.98	7 838.04	5.91	1 513.51	1.61	0	0	43 021.85
鹅城镇	12 171.64	26.64	18 787.1	13.02	9 586.04	5.75	2 841.54	2.12	6 995.13	5.27	3 896.58	4.14	3 701.38	11.06	57 979.41
丰润镇	5 584.87	12.22	3 774.46	2.62	13 267.2	7.96	9 648.41	7.20	9 757.52	7.36	2 240.51	2.38	0	0	44 272.97
康家会镇	5 932.11	12.98	4 540.64	3.15	5 265.6	3.16	13 386.76	9.98	8 578.14	6.47	12 137.65	12.88	1 232.55	3.68	51 073.45
娘子神乡	1 194.05	2.61	8 002.89	5.54	20 936.81	12.57	17 391.82	12.96	15 927.4	12.01	752.6	0.80	0	0	64 205.57
神峪沟乡	5 818.83	12.74	16 701.28	11.57	24 817.79	14.90	10 976.67	8.19	7 884.13	5.94	2 425.42	2.57	933.01	2.79	69 557.13
双路乡	868.75	1.90	25 234.45	17.48	11 570.19	6.94	12 413.05	9.26	6 468.3	4.88	1 240.44	1.32	440.05	1.31	58 235.23
婆婆乡	0	0	8 645.91	5.99	10 178.3	6.11	5 974.39	4.46	5 368.96	4.05	8 728.65	9.26	2 422.75	7.24	41 318.96
堂尔上乡	2 382.21	5.21	7 712.47	5.34	1 517.94	0.92	1 535.8	1.15	4 099.29	3.09	4 165.48	4.42	8.04	0.03	21 421.23
王村乡	100.56	0.22	12 058.19	8.35	23 788.84	14.28	13 489.54	10.06	20 310.24	15.30	407.38	0.43	0	0	70 154.75
羊村乡	650.59	1.42	2 738.87	1.90	20 593.02	12.36	9 603.57	7.16	17 135.76	12.92	2 434.67	2.58	0	0	53 156.48
中庄乡	466.3	1.03	15 993.01	11.08	7 285	4.37	5 771.98	4.30	5 783.29	4.36	632.05	0.67	700.14	2.09	36 631.77
合计	45 686.61	100	144 332.69	100	166 601.46	100	134 079.34	100	132 647.87	100	94 227.87	100	33 474.18	100	751 050.05

第五章 中低产田类型、分布
及改良利用

第一节 中低产田类型及分布

中低产田是指存在各种制约农业生产的土壤障碍因素，产量相对低而不稳定的耕地。

通过对静乐县耕地地力状况的调查，根据土壤主导障碍因素的改良主攻方向，依据中华人民共和国农业部发布的行业标准 NY/T 310—1996，引用忻州市耕地地力等级划分标准，结合实际进行分析，静乐县中低产田包括如下 2 个类型：瘠薄培肥型、坡地梯改型。中低产田面积为 700 878.79 亩，占总耕地面积的 93.32%。各类型面积情况统计见表5-1。

表 5-1 静乐县中低产田各类型面积情况统计

类　型	面积（亩）	占总耕地面积（%）	占中低产田面积（%）
瘠薄培肥型	394 429.29	52.52	56.28
坡地梯改型	306 449.5	40.80	43.72
合　计	700 878.79	93.32	100

一、瘠薄培肥型

瘠薄培肥型是指受气候、地形条件限制，造成干旱、缺水、土壤养分含量低、结构不良、投肥不足、产量低于当地高产农田，只能通过连年深耕、培肥土壤、改革耕作制度、推广旱作农业技术等长期性的措施逐步加以改良的耕地。

静乐县瘠薄培肥型中低产田面积为 394 429.29 亩，占总耕地面积的 52.52%。共有 14 823 个评价单元，分布在全县各个乡（镇）的村庄。见表5-1。

二、坡地梯改型

坡地梯改型是指主导障碍因素为土壤侵蚀，以及与其相关的地形、地面坡度、土体厚度、土体构型与物质组成、耕作熟化层厚度与熟化程度等，需要通过修筑梯田埂等田间水保工程加以改良治理的坡耕地。

静乐县坡地梯改型中低产田面积为 306 449.5 亩，占总耕地面积的 40.8%。共有 13 214 个评价单元，分布在全县各个乡（镇）的村庄。

第二节　生产性能及存在问题

一、瘠薄培肥型

该类型区域土壤轻度侵蚀或中度侵蚀，多数为旱耕地，土壤类型为潮土、粗骨土、褐土、棕壤，各种土壤母质、耕层质地均有。耕层厚度平均为 20.1 厘米，地力等级在 4 级～7 级。耕层养分含量有机质 10.44 克/千克，全氮 0.34 克/千克，有效磷 8.55 毫克/千克，速效钾 113.67 毫克/千克（表 5-2）。

存在的主要问题是田面不平，水土流失严重，干旱缺水，土质粗劣，肥力较差。

二、坡地梯改型

该类型区地面坡度 0°～15°，园田化水平低，土壤类型为潮土、粗骨土、褐土、棕壤，各种土壤母质、耕层质地均有。耕层厚度平均为 20.65 厘米，地力等级为 2 级～3 级。耕地土壤有机质含量 10.84 克/千克，全氮 0.34 克/千克，有效磷 9.61 毫克/千克，速效钾 123.68 毫克/千克（表 5-2）。

存在的主要问题是地面坡度大，土质粗劣，水土流失比较严重，土体发育微弱，土壤干旱瘠薄、耕层浅。

表 5-2　静乐县中低产田各类型土壤养分含量平均值情况统计

类　　型	有机质（克/千克）	全氮（克/千克）	有效磷（毫克/千克）	速效钾（毫克/千克）
瘠薄培肥型	10.44	0.34	8.55	113.67
坡地梯改型	10.84	0.34	9.61	123.68
平均值	10.63	0.34	9.05	118.39

第三节　改良利用措施

静乐县中低产田面积 70.09 万亩，占总耕地面积的 93.32%。严重影响全县农业生产的发展和农业经济效益的提高，应因地制宜进行改良。

总体上讲，中低产田的改良、耕作、培肥是一项长期而艰巨的任务。通过工程、生物、农艺、化学等综合措施，消除或减轻中低产田土壤限制农业产量提高的各种障碍因素，提高耕地基础地力，其中耕作培肥对中低产田的改良效果是极其显著的，具体措施如下。

1. 工程措施操作规程　根据地形和地貌特征，进行详细的测量规划，计算土方量，绘制了规划图，为项目实施提供科学的依据，并提出实施方案。涉及内容包括里切外垫、整修地埂和生产道路。

（1）里切外垫操作规程：一是就地填挖平衡，土方不进不出；二是平整后从外到内要形成 1°的坡度。

（2）修筑田埂操作规程：要求地埂截面为梯形，上宽 0.3 米，下宽 0.4 米，高 0.5 米，其中有 0.25 米在活土层以下。

（3）生产道路操作规程按有关标准执行。

2. 增施畜禽肥培肥技术　利用周边养殖农户多的有利条件，亩增施农家肥 1 吨或 48 千克万特牌有机肥，待作物收获后及时旋耕深翻入土。

3. 测土配方施肥技术　根据化验结果、土壤供肥性能、作物需肥特性、目标产量、肥料利用率等因子，拟定马铃薯配方施肥方案如下：产量 1 500 千克/亩以上，纯氮（N）—磷（P_2O_5）—钾（K_2O）为 10—8—5 千克/亩；产量 1 000～1 500 千克/亩，纯氮（N）—磷（P_2O_5）—钾（K_2O）为 8—6—4 千克/亩；产量 1 000 千克/亩以下，纯氮（N）—磷（P_2O_5）—钾（K_2O）为 6—4—2 千克/亩。

4. 绿肥翻压还田技术　豌豆收获后，结合第一场降水，因地制宜地种植绿豆等豆科绿肥。将绿肥种子 3 千克结合 5 千克硝酸磷复合肥，用旋耕播种机播种。待绿肥植株长到一定程度，为了确保绿肥腐烂，结合伏天降水用旋耕机将绿肥植株粉碎后翻入土中。

5. 施用抗旱保水剂技术　播种前，用抗旱保水剂 1.5 千克与有机肥均匀混合后施入土中。或于作物生长后期进行多次喷施。

6. 增施硫酸亚铁熟化技术　经过里切外垫后的地块，采用土壤改良剂硫酸亚铁进行土壤熟化。动土方量小的地块，每亩用硫酸亚铁 20～30 千克；动土方量大的地块，每亩用 30～40 千克，于秋后按要求均匀施入。

7. 深耕增厚耕作层技术　采用 60 拖拉机悬挂深耕松犁或带 4～6 铧深耕犁，在小麦收获后进行土壤深松耕，要求耕作深度 30 厘米以上。

然而，不同的中低产田类型有其自身的特点，在改良利用中应针对这些特点，采取相应的措施，现分述如下。

一、瘠薄培肥型中低产田的改良利用

1. 平整土地与条田建设　将平坦垣面及缓坡地规划成条田，平整土地，以蓄水保墒。有条件的地方，开发利用地下水资源和引水上垣，逐步扩大垣面水浇地面积。通过水土保持和提高水资源开发水平，发展粮果生产。

2. 实行水保耕作法　在平川区推广地膜覆盖、生物覆盖等旱作农业技术；山地、丘陵区推广丰产沟田或者其他高耕作物及种植制度和地膜覆盖、生物覆盖技术，有效保持土壤水分，满足作物需求，提高作物产量。

3. 大力兴建林带植被　因地制宜地造林、种草与农作物种植有效结合，兼顾生态效益和经济效益，发展复合农业。

二、坡地梯改型中低产田的改良作用

1. 梯田工程　此类地形区的深厚黄土层为修建水平梯田创造了条件。梯田可以减少坡长，使地面平整，变降水的坡面径流为垂直入渗，防止水土流失，增强土壤水分储备和抗旱能力，可采用缓坡修梯田、陡坡种林草，增加地面覆盖度。

2. 增加梯田土层及耕作熟化层厚度　新建梯田的土层厚度相对较薄，耕作熟化程度较低。梯田土层厚度及耕作熟化层厚度的增加是这类田地改良的关键。梯田土层厚度的一般标准为：土层厚大于 80 厘米，耕作熟化层厚度大于 20 厘米，有条件的应达到土层厚度大于 100 厘米，耕作熟化层厚度大于 25 厘米。

3. 农、林、牧并重　此类耕地今后的利用方向应是农、林、牧并重，因地制宜、全面发展。此类耕地应发展种草、植树，扩大林地和草地面积，促进养殖业发展，将生态效益和经济效益结合起来，如实行农（果）林复合农业。

第六章 耕地地力评价与测土配方施肥

第一节 测土配方施肥的原理与方法

一、测土配方施肥的含义

测土配方施肥是以肥料田间试验、土壤测试为基础，根据作物需肥规律、土壤供肥性能和肥料效应，在合理施用有机肥料的基础上，提出氮、磷、钾及中、微量元素等肥料的施用品种、数量、施肥时期和施用方法。通俗地讲，就是在农业科技人员指导下科学施用配方肥。测土配方施肥技术的核心是调整和解决作物需肥与土壤供肥之间的矛盾。同时有针对性地补充作物所需的营养元素，作物缺什么元素就补充什么元素、需要多少补充多少。实现各种养分平衡供应，满足作物的需要。达到增加作物产量、改善农产品品质、节省劳力、节支增收的目的。

二、应用前景

土壤有效养分是作物营养的主要来源，施肥是补充和调节土壤养分数量与作物营养最有效的手段之一。作物因其种类、品种、生物学特性、气候条件以及农艺措施等诸多因素的影响，其需肥规律差异较大。因此，及时了解不同作物种植土壤中的土壤养分变化情况，对于指导科学施肥具有广阔的发展前景。

测土配方施肥是一项应用性很强的农业科学技术，在农业生产中大力推广应用，对促进农业增效、农民增收具有十分重要的作用。通过测土配方施肥的实施，能达到5个目标：一是节肥增产，在合理施用有机肥的基础上，提出合理的化肥投入量，调整养分配比，使作物产量在原有基础上能最大限度地发挥其增产潜能。二是提高农产品品质，通过田间试验和土壤养分化验，在掌握土壤供肥状况，优化化肥投入的前提下，科学调控作物所需养分的供应，达到改善农产品品质的目标。三是提高肥效，在准确掌握土壤供肥特性、作物需肥规律和肥料利用率的基础上，合理设计肥料配方，从而达到提高产投比和增加施肥效益的目标。四是培肥改土，实施测土配方施肥必须坚持用地与养地相结合、有机肥与无机肥相结合，在逐年提高作物产量的基础上，不断改善土壤的理化性状，达到培肥和改良土壤、提高土壤肥力和耕地综合生产能力，实现农业可持续发展。五是生态环保，实施测土配方施肥，可有效地控制化肥特别是氮肥的投入量，提高肥料利用率，减少肥料的面源污染，避免因施肥引起的富营养化，实现农业高产和生态环保相协调的目标。

三、测土配方施肥的依据

（一）土壤肥力是决定作物产量的基础

肥力是土壤的基本属性和质的特征，是土壤从养分条件和环境条件方面，供应和协调作物生长的能力。土壤肥力是土壤的物理、化学、生物学性质的反映，是土壤诸多因子共同作用的结果。农业科学家通过大量的田间试验和示踪元素的测定证明，作物产量的构成，有40％～80％的养分吸收自土壤。养分吸收自土壤比例的大小和土壤肥力的高低有着密切的关系，土壤肥力越高、作物吸收自土壤养分的比例就越大；相反，土壤肥力越低、作物吸收自土壤的养分越少，那么肥料的增产效应相对增大，但土壤肥力低绝对产量也低。要提高作物产量，首先要提高土壤肥力，而不是依靠增加肥料。因此，土壤肥力是决定作物产量的基础。

（二）有机与无机相结合、大中微量元素相配合、用地和养地相结合

测土配方施肥的主要原则是必须以有机肥为基础，土壤有机质含量是土壤肥力的重要指标。增施有机肥可以增加土壤有机质含量，改善土壤理化、生物性状，提高土壤保水保肥性能，增强土壤活性，促进化肥利用率的提高，各种营养元素的配合才能获的高产稳产。要使作物—土壤—肥料形成物质和能量的良性循环，必须坚持用养结合，投入产出相对平衡，保证土壤肥力的逐步提高，达到农业的可持续发展。

（三）理论依据

测土配方施肥是以养分学说，最小养分律、同等重要律、不可替代律、肥料效应报酬递减律和因子综合作用律等为理论依据，以确定不同养分的施肥总量和肥料配比为主要内容。同时注意良种、田间管护等影响肥效的诸多因素，形成了测土配方施肥的综合资源管理体系。

1. 养分归还学说 作物产量的形成有40％～80％的养分来自土壤。但不能把土壤看作一个取之不尽，用之不竭的"养分库"。为保证土壤有足够的养分供应容量和强度，保证土壤养分的输出与输入间的平衡，必须通过施肥这一措施来实现。依靠施肥，可以把作物吸收的养分"归还"土壤，确保土壤肥力。

2. 最小养分律 作物生长发育需要吸收各种养分，但严重影响作物生长，限制作物产量的是土壤中那种相对含量最小的养分因素。也就是最缺的那种养分。如果忽视这个最小养分，即使继续增加其他养分，作物产量也难以提高。只有增加最小养分的量，产量才能相应提高。经济合理的施肥是将作物所缺的各种养分同时按作物所需比例相应提高，作物才会优质高产。

3. 同等重要律 对作物来讲，不论大量元素或微量元素，都是同样重要缺一不可的，即使缺少某一种微量元素，尽管它的需要量很少，仍会影响作物的生长发育而导致减产。微量元素和大量元素同等重要，不能因为需要量少而忽略。

4. 不可替代律 作物需要的各种营养元素，在作物体内都有一定的功效，相互之间不能替代，缺少什么营养元素，就必须施用含有该元素的肥料进行补充，不能互相替代。

5. 肥料报酬递减律　随着投入的单位劳动和资本量的增加，报酬的增加却在减少，当施肥量超过适量时，作物产量与施肥量之间单位施肥量的增产会呈递减趋势。

6. 因子综合作用律　作物产量的高低是由影响作物生长发育诸因素综合作用的结果，但其中必有一个起主导作用的限制因子，产量在一定程度上受该限制因素的制约。为了充分发挥肥料的增产作用和提高肥料的经济效益，一方面，施肥措施必须与其他农业技术措施相结合，发挥生产体系的综合功能；另一方面，各种养分之间的配合施用，也是提高肥效不可忽视的问题。

四、测土配方施肥确定施肥量的基本方法

1. 土壤与植物测试推荐施肥方法　该技术综合了目标产量法、养分丰缺指标法和作物营养诊断法的优点。对于大田作物，在综合考虑有机肥、作物秸秆应用和管理措施的基础上，根据氮、磷、钾和中、微量元素养分的不同特征，采取不同的养分优化调控与管理策略。其中，氮肥推荐根据土壤供氮状况和作物需氮量，进行实时动态监测和精确调控，包括基肥和追肥的调控；磷、钾肥通过土壤测试和养分平衡进行监控；中、微量元素采用因缺补缺的矫正施肥策略。因此该技术包括氮素实时监控，磷钾养分恒量监控和中、微量元素养分矫正施肥技术。

（1）氮素实时监控施肥技术：根据不同土壤、不同作物、不同目标产量确定作物需氮量，以需氮量的30％～60％作为基肥用量。具体基施比例根据土壤全氮含量，同时参照当地丰缺指标来确定。一般在全氮含量偏低时，采用需氮量的50％～60％作为基肥；在全氮含量居中时，采用需氮量的40％～50％作为基肥；在全氮含量偏高时，采用需氮量的30％～40％作为基肥。30％～60％基肥比例可根据上述方法确定，并通过"3414"田间试验进行校验，建立当地不同作物的施肥指标体系。有条件的地区可在播种前对0～20厘米土壤无机氮进行检测，调节基肥用量。

$$基肥用量（千克/亩）=\frac{（目标产量需氮量－土壤无机氮）×（30％～60％）}{肥料中养分含量×肥料当季利用率}$$

其中：土壤无机氮（千克/亩）＝土壤无机氮测试值（毫克/千克）×0.15×校正系数。

氮肥追肥用量推荐以作物关键生育期的营养状况诊断或土壤硝态氮的测试为依据，这是实现氮肥准确推荐的关键环节，也是控制过量施氮或施氮不足、提高氮肥利用率和减少损失的重要措施。测试项目主要是土壤全氮含量、土壤硝态氮含量或小麦拔节期茎基部硝酸盐浓度、玉米最新展开叶脉中部硝酸盐浓度，水稻采用叶色卡或叶绿素仪进行叶色诊断。

（2）磷钾养分恒量监控施肥技术：根据土壤有（速）效磷、钾含量水平，以土壤有（速）效磷、钾养分不成为实现目标产量的限制因子为前提，通过土壤测试和养分平衡监控，使土壤有（速）效磷、钾含量保持在一定范围内。对于磷肥，基本思路是根据土壤有效磷测试结果和养分丰缺指标进行分级，当有效磷水平处在中等偏上时，可以将目标产量需要量（只包括带出田块的收获物）的100％～110％作为当季磷肥用量；随着有效磷含

量的增加，需要减少磷肥用量，直至不施；随着有效磷的降低，需要适当增加磷肥用量，在极缺磷的土壤上，可以施到需要量的150%～200%。在2～3年后再次测土时，根据土壤有效磷和产量的变化再对磷肥用量进行调整。钾肥首先需要确定施用钾肥是否有效，再参照上面方法确定钾肥用量，但需要考虑有机肥和秸秆还田带入的钾量。一般大田作物磷、钾肥料全部做基肥。

（3）中微量元素养分矫正施肥技术：中、微量元素养分的含量变幅大，作物对其需要量也各不相同。主要与土壤特性（尤其是母质）、作物种类和产量水平等有关。矫正施肥就是通过土壤测试，评价土壤中、微量元素养分的丰缺状况，进行有针对性的因缺补缺的施肥。

2. 肥料效应函数法　根据"3414"方案田间试验结果建立当地主要作物的肥料效应函数，直接获得某一区域和某种作物的氮、磷、钾肥料的最佳施用量，为肥料配方和施肥推荐提供依据。

3. 土壤养分丰缺指标法　通过土壤养分测试结果和田间肥效试验结果，建立不同作物、不同区域的土壤养分丰缺指标，提供肥料配方。

土壤养分丰缺指标田间试验也可采用"3414"部分实施方案。"3414"方案中的处理1为空白对照（CK），处理6为全肥区（NPK），处理2、4、8为缺素区（即PK、NK和NP）。收获后计算产量，用缺素区产量占全肥区产量百分数即相对产量的高低来表达土壤养分的丰缺情况。相对产量低于50%的土壤养分为极低；相对产量50%～60%（不含）为低，60%～70%（不含）为较低，70%～80%（不含）为中，80%～90%（不含）为较高，90%（含）以上为高（也可根据当地实际确定分级指标），从而确定适用于某一区域、某种作物的土壤养分丰缺指标及对应的肥料施用数量。对该区域其他田块，通过土壤养分测试，就可以了解土壤养分的丰缺状况，提出相应的推荐施肥量。

4. 养分平衡法

（1）基本原理与计算方法：根据作物目标产量需肥量与土壤供肥量之差估算施肥量，计算公式为：

$$施肥量（千克/亩）=\frac{目标产量所需养分总量-土壤供肥量}{肥料中养分含量×肥料当季利用率}$$

养分平衡法涉及目标产量、作物需肥量、土壤供肥量、肥料利用率和肥料中有效养分含量五大参数。土壤供肥量即为"3414"方案中处理1的作物养分吸收量。目标产量确定后因土壤供肥量的确定方法不同，形成了地力差减法和土壤有效养分校正系数法两种。

地力差减法是根据作物目标产量与基础产量之差来计算施肥量的一种方法。其计算公式为：

$$施肥量（千克/亩）=\frac{（目标产量-基础产量）×单位经济产量养分吸收量}{肥料中养分含量×肥料利用率}$$

基础产量即为"3414"方案中处理1的产量。

土壤有效养分校正系数法是通过测定土壤有效养分含量来计算施肥量。其计算公式为：

施肥量（千克/亩）＝

$$\frac{作物单位产量养分吸收量×目标产量－土壤测试值×0.15×土壤有效养分校正系数}{肥料中养分含量×肥料利用率}$$

（2）有关参数的确定

——目标产量

目标产量可采用平均单产法来确定。平均单产法是利用施肥区前3年平均单产和年递增率为基础确定目标产量，其计算公式为：

目标产量（千克/亩）＝（1＋递增率）×前3年平均单产（千克/亩）

一般粮食作物的递增率为10％～15％，露地蔬菜为20％，设施蔬菜为30％。

——作物需肥量

通过对正常成熟的农作物全株养分的分析，测定各种作物百千克经济产量所需养分量，乘以目标常量即可获得作物需肥量。

$$作物目标产量所需养分量（千克）＝\frac{目标产量（千克）}{100}×100千克产量所需养分量（千克）$$

——土壤供肥量

土壤供肥量可以通过测定基础产量、土壤有效养分校正系数两种方法估算：

通过基础产量估算（处理1产量）：不施肥区作物所吸收的养分量作为土壤供肥量。

$$土壤供肥量（千克）＝\frac{不施养分区农作物产量（千克）}{100}×100千克产量所需养分量（千克）$$

通过土壤有效养分校正系数估算：将土壤有效养分测定值乘一个校正系数，以表达土壤"真实"供肥量。该系数称为土壤有效养分校正系数。

$$土壤有效养分校正系数（％）＝\frac{缺素区作物地上部分吸收该元素量（千克/亩）}{该元素土壤测定值（毫克/千克）×0.15}$$

——肥料利用率

一般通过差减法来计算：利用施肥区作物吸收的养分量减去不施肥区农作物吸收的养分量，其差值视为肥料供应的养分量，再除以所用肥料养分量就是肥料利用率。

肥料利用率（％）＝

$$\frac{施肥区农作物吸收养分量（千克/亩）－缺素区农作物吸收养分量（千克/亩）}{肥料施用量（千克/亩）×肥料中养分含量（％）}×100％$$

上述公式以计算氮肥利用率为例来进一步说明。

施肥区（NPK区）农作物吸收养分量（千克/亩）："3414"方案中处理6的作物总吸氮量；

缺氮区（PK区）农作物吸收养分量（千克/亩）："3414"方案中处理2的作物总吸氮量；

肥料施用量（千克/亩）：施用的氮肥肥料用量；

肥料中养分含量（％）：施用的氮肥肥料所标明的含氮量。

如果同时使用了不同品种的氮肥，应计算所用的不同氮肥品种的总氮量。

——肥料养分含量

供试肥料包括无机肥料与有机肥料。无机肥料、商品有机肥料含量按其标明量，不明养分含量的有机肥料养分含量可参照当地不同类型有机肥养分平均含量获得。

第二节　田间肥效试验及施肥指标体系建立

根据农业部及山西省农业厅测土配肥项目实施方案的安排和山西省土壤肥料工作站制订的《山西省主要作物"3414"肥料效应田间试验方案》、《山西省主要作物测土配方施肥示范方案》所规定标准，为摸清全县土壤养分校正系数、土壤供肥能力、不同作物养分吸收量和肥料利用率等基本参数；掌握农作物在不同施肥单元的优化施肥量、施肥时期和施肥方法；构建农作物科学施肥模型；为完善测土配方施肥技术指标体系提供科学依据。从2009年秋收起，在大面积实施测土配方施肥的同时，安排实施了各类试验示范90点次，取得了大量的科学试验数据，为下一步的测土配方施肥工作奠定了良好的基础。

一、测土配方施肥田间试验的目的

田间试验是获得各种作物最佳施肥品种、施肥比例、施肥时期、施肥方法的唯一途径，也是筛选、验证土壤养分测试方法、建立施肥指标体系的基本环节。通过田间试验，掌握各个施肥单元不同作物优化施肥数量，基、追肥分配比例，施肥时期和施肥方法；摸清土壤养分校正系数、土壤供肥能力、不同作物养分吸收量和肥料利用率等基本参数；构建作物施肥模型，为施肥分区和肥料配方设计提供依据。

二、测土配方施肥田间试验方案的设计

（一）田间试验方案设计

按照农业部《规范》的要求，以及山西省土壤肥料工作站《测土配方施肥实施方案》的规定，根据全县主栽作物为马铃薯的实际，采用"3414"方案设计（设计方案见表6-1、表6-2、表6-3）。"3414"的含义是指氮、磷、钾3个因素，4个水平，14个处理。4个水平的含义：0水平指不施肥；2水平指当地推荐施肥量；1水平＝2水平×0.5；3水平＝2水平×1.5（该水平为过量施肥水平）。

表6-1　"3414"完全试验设计方案处理编制

试验编号	处理编码	施肥水平		
		N	P	K
1	$N_0P_0K_0$	0	0	0
2	$N_0P_2K_2$	0	2	2
3	$N_1P_2K_2$	1	2	2
4	$N_2P_0K_2$	2	0	2
5	$N_2P_1K_2$	2	1	2
6	$N_2P_2K_2$	2	2	2

（续）

试验编号	处理编码	施肥水平		
		N	P	K
7	$N_2P_3K_2$	2	3	2
8	$N_2P_2K_0$	2	2	0
9	$N_2P_2K_1$	2	2	1
10	$N_2P_2K_3$	2	2	3
11	$N_3P_2K_2$	3	2	2
12	$N_1P_1K_2$	1	1	2
13	$N_1P_2K_1$	1	2	1
14	$N_2P_1K_1$	2	1	1

（二）试验材料

供试肥料分别为中国石油化工股份有限公司生产的 46％尿素，云南金星化工有限公司生产 12％过磷酸钙，天津青上化工有限公司生产的 50％硫酸钾。

三、测土配方施肥田间试验设计方案的实施

（一）人员与布局

在静乐县多年耕地土壤肥力动态监测和耕地分等定级的基础上，将全县耕地进行高、中、低肥力区划，确定不同肥力的测土配方施肥试验所在地点。同时在对承担试验的农户科技水平与责任性、地块大小、地块代表性等条件综合考察的基础上，确定试验地块。试验田的田间规划、施肥、播种、浇水以及生育期观察、田间调查、室内考种、收获计产等工作都由专业技术人员严格按照田间试验技术规程进行操作。

静乐县的测土配方施肥"3414"类试验主要在马铃薯进行，完全试验不设重复，不完全试验设 3 次重复。2009—2011 年，共进行"3414"类试验 30 点次，校正试验 60 点次。

（二）试验地选择

试验地选择平坦、整齐、肥力均匀，具有代表性的不同肥力水平的地块；坡地选择坡度平缓、肥力差异较小的田块；试验地避开了道路、堆肥场所等特殊地块。

（三）试验作物品种选择

田间试验选择当地主栽作物品种或拟推广品种。

（四）试验准备

整地、设置保护行、试验地区划；小区应单灌单排，避免串灌串排；试验前采集了土壤样。

（五）测土配方施肥田间试验的记录

田间试验记录的具体内容和要求：

1. 试验地基本情况

地点：省、市、县、村、邮编、地块名、农户姓名。

定位：经度、纬度、海拔。

土壤类型：土类、亚类、土属、土种。

土壤属性：土体构型、耕层厚度、地形部位及农田建设、侵蚀程度、障碍因素、地下水位等。

2. 试验地土壤、植株养分测试　有机质、全氮、碱解氮、有效磷、速效钾、pH 等土壤理化性状，必要时进行植株营养诊断和中微量元素测定等。

3. 气象因素　多年平均及当年各月气温、降水、日照和湿度等气候数据。

4. 前茬情况　作物名称、品种、品种特征、亩产量，以及 N、P、K 肥和有机肥的用量、价格等。

5. 生产管理信息　灌水、中耕、病虫防治、追肥等。

6. 基本情况记录　品种、品种特性、耕作方式及时间、耕作机具、施肥方式及时间、播种方式及工具等。

7. 生育期记录　主要记录：播种期、播种量、平均行距、出苗期、幼苗期、结薯期。

8. 生育指标调查记录　主要调查和室内考种记载：基本苗、株高、茎粗、分枝数、每株块数、平均块重、小区产量。

（六）试验操作及质量控制情况

试验田地块的选择严格按方案技术要求进行，同时要求承担试验的农户要有一定的科技素质和较强的责任心，以保证试验田各项技术措施准确到位。

（七）数据分析

田间调查和室内考种所得数据，全部按照肥料效应鉴定田间试验技术规程操作，利用 Excel 程序和"3414"田间试验设计与数据分析管理系统进行分析。

四、试验实施情况

（一）试验情况

1."3414"完全试验　共安排 30 点次，分布在 10 个乡（镇）的 11 村。

2. 校正试验　共安排马铃薯 60 点次，分布在 10 个乡（镇）的 25 村。

（二）试验示范效果

1."3414"完全试验　马铃薯"3414"试验，共有 30 点次。共获得三元二次回归方程 30 个，相关系数全部达到极显著水平，详见附表。

2. 校正试验（示范）　完成马铃薯校正试验 60 点次，通过校正试验，3 年马铃薯平均配方施肥比常规施肥亩增产 95 千克，增产 11.5％，亩增纯收益 95 元。

3 年来，全县累计推广配方施肥 65 万亩，共推广马铃薯 24 万亩，增产 21 600 吨，增加纯收益 2 280 万元；累计推广玉米配方施肥 9 万亩，共增产玉米 3 150 吨，增加纯收益 756 万元；其他杂粮 32 万亩，增产 4 800 吨，增加纯收益 1 920 万元，合计 3 年共增产粮食 29 550 吨，增加纯收益 4 956 万元。

五、初步建立了马铃薯测土配方施肥丰缺指标体系

（一）初步建立了作物需肥量、肥料利用率、土壤养分校正系数等施肥参数

1. 作物需肥量 作物需肥量的确定，首先应掌握作物百千克经济产量所需的养分量。通过对正常成熟的农作物全株养分的分析，可以得出各种作物的百千克经济产量所需养分量。全县马铃薯100千克产量所需养分量为N：0.50千克、P_2O_5：0.2千克、K_2O：1.06千克。

2. 土壤供肥量 土壤供肥量可以通过测定基础产量，土壤有效养分校正系数两种方法计算：

（1）通过基础产量计算：不施肥区作物所吸收的养分量作为土壤供肥量，计算公式：

土壤供肥量＝

［不施肥养分区作物产量（千克）÷100］×百千克产量所需养分量（千克）

（2）通过土壤养分校正系数计算：将土壤有效养分测定值乘一个校正系数，以表达土壤"真实"的供肥量。

确定土壤养分校正系数的方法是：校正系数＝缺素区作物地上吸收该元素量/该元素土壤测定值×0.15。根据这个方法，初步建立了全县马铃薯的碱解氮、有效磷、速效钾的校正系数。见表6-2。

表6-2 不同肥力土壤养分校正系数

作物	土壤养分	不同肥力土壤养分校正系数		
		高肥力	中肥力	低肥力
马铃薯	碱解氮（毫克/千克）	0.51	0.62	0.72
	有效磷（毫克/千克）	0.81	0.88	0.96
	速效钾（毫克/千克）	0.22	0.26	0.29

3. 肥料利用率 肥料利用率通过差减法来求出。方法是：利用施肥区作物吸收的养分量减去不施肥区作物吸收的养分量，其差值为肥料供应的养分量，再除以所用肥料养分量就是肥料利用率。根据这个方法，初步得出全县马铃薯的肥料利用率分别为N：32%、P_2O_5：12.5%；K_2O：35%。

4. 马铃薯目标产量的确定方法 利用施肥区前3年平均单产和年递增率为基础确定目标产量，其计算公式为：

目标产量（千克/亩）＝（1＋年递增率）×前3年平均单产（千克/亩）

马铃薯的递增率以10%～15%为宜。

5. 施肥方法 最常用的施肥方法有条施、撒施、穴施和放射状施。推广应用研究条施、穴施、轮施或放射状施。采用穴施或条施，施肥深度8～10厘米。旱地地区基肥一次施入；氮肥分基肥、追肥施入，采取基肥占60%～70%，现蕾期30%～40%的原则。

（二）初步建立了静乐县马铃薯丰缺指标体系

通过对各试验点相对产量与土壤测试值的相关分析，按照相对产量达≥95%、95%～90%、90%～75%、75%～50%、<50%将土壤养分划分为"极高"、"高"、"中"、"低"、

"极低" 5 个等级，初步建立了 "静乐县马铃薯测土配方施肥丰缺指标体系"。同时，根据 "3414" 试验结果，采用一元模型对施肥量进行模拟，根据散点图趋势，结合专业背景知识，选用一元二次模型或线性加平台模型推算作物最佳产量施肥量。按照土壤有效养分分级指标进行统计、分析，求平均值及上下限。

（1）马铃薯碱解氮肥丰缺指标：由于碱解氮的变化大，建立丰缺指标及确定对应的推荐施肥量难度很大，目前在实际工作中应用养分平衡法来进行施肥推荐。见表 6-3。

表 6-3　静乐县马铃薯碱解氮丰缺指标

等级	相对产量（%）	土壤碱解氮含量（毫克/千克）
极高	＞90	＞95.46
高	85～90	80.71～95.46
中	80～85	68.24～80.71
低	75～80	57.7～68.24
极低	＜75	＜57.7

（2）马铃薯有效磷丰缺指标及推荐施肥量：见表 6-4。

表 6-4　静乐县马铃薯有效磷丰缺指标及推荐施肥量

等级	相对产量（%）	土壤有效磷含量（毫克/千克）
极高	＞90	＞18.94
高	85～90	14.53～18.94
中	80～85	11.14～14.53
低	70～80	6.55～11.14
极低	＜70	＜6.55

（3）马铃薯速效钾丰缺指标及推荐施肥量：见表 6-5。

表 6-5　静乐县马铃薯速效钾丰缺指标及推荐施肥量

等级	相对产量（%）	土壤速效钾含量（毫克/千克）
极高	＞95	＞165.67
高	90～95	128.45～165.67
中	85～90	99.59～128.45
低	75～85	59.87～99.59
极低	＜75	＜59.87

第三节　主要作物不同区域测土配方施肥方案

一、马铃薯施肥方案

（1）产量水平 1 000 千克/亩以下：马铃薯产量 1 000 千克/亩以下的地块，氮肥（N）

用量推荐为 2~5 千克/亩，磷肥（P_2O_5）用量 2~4 千克/亩，土壤速效钾含量<100 毫克/千克，适当补施钾肥（K_2O）1~2 千克/亩。

（2）产量水平 1 000~1 500 千克/亩：马铃薯产量 1 000~1 500 千克/亩的地块，氮肥（N）用量推荐为 3~7 千克/亩，磷肥（P_2O_5）用量 3~6 千克/亩，土壤速效钾含量<100 毫克/千克，适当补施钾肥（K_2O）2~3 千克/亩。

（3）产量水平 1 500 千克/亩以上：马铃薯产量在 1 500 千克/亩以上的地块，氮肥（N）用量推荐为 4~9 千克/亩，磷肥（P_2O_5）5~8 千克/亩，土壤速效钾含量<120 毫克/千克，适当补施钾肥（K_2O）3~5 千克/亩。

二、玉米施肥方案

（1）产量水平 200 千克/亩以下：春玉米产量 200 千克/亩以下地块，氮肥（N）用量推荐为 4~6 千克/亩，磷肥（P_2O_5）用量 3~5 千克/亩，土壤速效钾含量<100 毫克/千克，适当补施钾肥（K_2O）1~2 千克/亩。亩施农家肥 600 千克以上。

（2）产量水平 200~300 千克/亩以下：春玉米产量 200~300 千克/亩以下地块，氮肥（N）用量推荐为 6~8 千克/亩，磷肥（P_2O_5）用量 5~7 千克/亩，土壤速效钾含量<100 毫克/千克，适当补施钾肥（K_2O）1~2 千克/亩。亩施农家肥 600 千克以上。

（3）产量水平 300~400 千克/亩：春玉米产量在 300~400 千克/亩的地块，氮肥（N）用量推荐为 8~10 千克/亩，磷肥（P_2O_5）7~9 千克/亩，土壤速效钾含量<120 毫克/千克，适当补施钾肥（K_2O）2~3 千克/亩。亩施农家肥 800 千克以上。

（4）产量水平 400 千克/亩：春玉米产量在 400 千克/亩以上的地块，氮肥用量推荐为 10~12 千克/亩，磷肥（P_2O_5）9~11 千克/亩，土壤速效钾含量<150 毫克/千克，适当补施钾肥（K_2O）3~4 千克/亩。亩施农家肥 1 500 千克以上。

此外，作物秸秆还田地块要增加氮肥用量 10%~15%，以协调碳氮比，促进秸秆腐解。要大力推广玉米施锌技术，每千克种子拌硫酸锌 4~6 克，或亩底施硫酸锌 1.5~2 克。同时，要采用科学的施肥方法。一是大力提倡化肥深施，坚决杜绝肥料撒施，基、追肥施肥深度要分别达到 15~20 厘米、5~10 厘米。二是施足底肥、合理追肥，一般有机肥、磷、钾及中微量元素肥料均作底肥，氮肥则分期施用。春玉米田氮肥 60%~70%底施、30%~40%追施。

第七章 耕地地力调查与质量评价的应用研究

第一节 耕地资源合理配置研究

一、耕地数量平衡与人口发展配置研究

静乐县人多地少，耕地后备资源不足。2011 年有耕地 75.1 万亩，农业人口数量达 14.17 万人，人均耕地为 5.3 亩。从耕地保护形势看，由于全县农业内部产业结构调整，退耕还林还草，公路、乡（镇）企业基础设施等非农建设占用耕地，导致耕地面积逐年减少，由 2000 年的 92.5 万亩下降到 2011 年的 75.1 万亩，而农业人口却由 2000 年的 13.83 万人增加到 2011 年的 14.17 万人，人地矛盾将出现严重危机。从静乐县人民的生存和全县经济可持续发展的高度出发，采取措施，实现全县耕地总量动态平衡刻不容缓。

实际上，静乐县扩大耕地总量仍有很大潜力，只要合理安排、科学规划、集约利用，就完全可以兼顾耕地与建设用地的要求，实现社会经济的全面、持续发展。从控制人口增长，村级内部改造和居民点调整，退宅还田，围滩造地，开发复垦土地后备资源和废弃地等方面着手增大耕地面积。

二、耕地地力与粮食生产能力分析

（一）耕地粮食生产能力

耕地生产能力是决定粮食产量的重要因素之一。近年来，由于种植结构调整和建设用地、退耕还林还草等因素的影响，粮食播种面积在不断减少，而人口在不断增加，对粮食的需求量也在增加。保证全县粮食需求，挖掘耕地生产潜力已成为农业生产中的大事。

耕地的生产能力是由土壤本身肥力作用所决定的，其生产能力分为现实生产能力和潜在生产能力。

1. 现实生产能力 静乐县现有耕地面积为 75.1 万亩（包括已退耕还林面积和园地面积），而中低产田就有 70.09 万亩之多，占总耕地面积的 93.32%，而且绝大部分为旱地。这必然造成全县现实生产能力偏低的现状。再加之农民对施肥，特别是有机肥的忽视，以及耕作管理措施的粗放，这都是造成耕地现实生产能力不高的原因。2011 年，全县粮食播种面积为 32.92 万亩，粮食总产量 38 366 吨，亩均产约 117 千克；油料作物播种面积为 7.44 万亩，总产量为 5 042 吨，亩均产约 68 千克；蔬菜面积为 1.005 万亩，总产量为 8 259 吨，亩产为 822 千克（表 7-1）。

表7-1 静乐县2011年粮食产量统计

项目	总产量（吨）	平均单产（千克/亩）
粮食总产量	38 366	116.5
玉米	5 036	144.8
薯类	13 710	170
豆类	7 581	80.9
糜谷	2 632	96.8
莜麦	3 390	56.7

目前，静乐县土壤有机质含量平均为10.68克/千克，全氮平均含量为0.59克/千克，有效磷平均含量为9.11毫克/千克，速效钾平均含量为118.37毫克/千克。

静乐县耕地总面积75.1万亩（包括退耕还林面积和园地面积），基本为旱地，其中，中低产田70.09万亩，占耕地总面积的93.32%。

2. 潜在生产能力 生产潜力是指在正常的社会秩序和经济秩序下所能达到的最大产量。从历史的角度和长期的利益来看，耕地的生产潜力是比粮食产量更为重要的粮食安全因素。

静乐县土地资源较为丰富，土质较好，光热资源充足。经过对全县地力等级的评价得出，75.1万亩耕地以全部种植粮油作物计，其粮食最大生产能力为107 330吨，平均单产可达143千克/亩，全县耕地仍有63 900吨粮食的生产潜力可挖。

纵观静乐县近年来的粮食、油料、蔬菜作物的平均亩产量和全县农民对耕地的经营状况，全县耕地还有巨大的生产潜力可挖。如果在农业生产中加大有机肥的投入，采取平衡施肥措施和科学合理的耕作技术，全县耕地的生产能力还可以提高。从近几年全县对马铃薯、红芸豆配方施肥观察点经济效益的对比来看，配方施肥区较习惯施肥区的增产率都在10%左右，甚至更高。如果能进一步提高农业投入比重，提高劳动者素质，下大力气加强农业基础建设，特别是农田水利建设，稳步提高耕地综合生产能力和产出能力，实现农林牧的结合就能增加农民经济收入。

（二）不同时期人口、食品构成和粮食需求分析预测

农业是国民经济的基础，粮食是关系国计民生和国家自立与安全的特殊产品。从新中国成立初期到现在，静乐县人口数量、食品构成和粮食需求都在发生着巨大变化。新中国成立初期居民食品构成主要以粮食为主，也有少量的肉类食品，水果、蔬菜的比重很小。随着社会进步、生产的发展，人民生活水平逐步提高。到20世纪80年代初，居民食品构成依然为粮食为主，但肉类、禽类、油料、水果、蔬菜等的比重均有了较大提高。到2011年，全县人口增至15.74万人，居民食品构成中，粮食所占比重有明显下降，肉类、禽蛋、水产量、乳制品、油料、水果、蔬菜、食糖却都占有相当比重。

静乐县粮食人均需求按国际通用粮食安全400千克计，全县人口自然增长率以5‰计，到2015年，共有人口15.93万人，全县粮食需求总量预计将达63 720吨。因此，人口的增加对粮食的需求产生了极大的影响，也带来了一定的危险性。

静乐县粮食生产还存在着巨大的增长潜力。随着资本、技术、劳动投入、政策、制度等条件的逐步完善，全县粮食的产出与需求平衡，终将成为现实。

（三）粮食安全警戒线

粮食是人类生存和社会发展最重要的产品，是具有战略意义的特殊商品。粮食安全不仅是国家经济持续健康发展的基础，也是社会安定、国家安全的重要组成部分。2008 年世界粮食危机已给一些国家经济发展和社会安定造成一定不良影响。近年来，受农资价格上涨、种粮效益低等因素影响，农民种粮积极性不高，全县粮食单产徘徊不前，所以必须对全县的粮食安全问题给予高度重视。

三、耕地资源合理配置意见

在确保粮食生产安全的前提下，优化耕地资源利用结构，合理配置其他作物占地比例。为确保粮食安全需要，对全县耕地资源进行如下配置：全县现有 71.5 万亩耕地，其中 55 万亩用于种植粮、油等作物，以满足全县人口对粮油的需求；其余 20.5 万亩耕地为休耕地。

根据《土地管理法》和《基本农田保护条例》划定静乐县基本农田保护区，将水利条件、土壤肥力条件好，自然生态条件适宜的耕地划为口粮和国家商品粮生产基地，严禁占用。在耕地资源利用上，必须坚持基本农田总量平衡的原则。一是建立完善的基本农田保护制度，用法律保护耕地。二是明确各级政府在基本农田保护中的责任，严控占用保护区内耕地，严格控制城乡建设用地。三是实行基本农田损失补偿制度，实行谁占用、谁补偿的原则。四是建立监督检查制度，严厉打击无证经营和乱占耕地的单位和个人。五是建立基本农田保护基金，县政府每年投入一定资金用于基本农田建设，大力挖掘潜在存量土地。六是合理调整用地结构，用市场经营利益导向调控耕地。

同时，在耕地资源配置上，要以粮食生产安全为前提，以农业增效、农民增收为目标，逐步提高耕地质量，调整种植业结构，推广应用优质、高效、高产、生态、安全栽培技术，生产优质农产品，提高耕地利用率。

第二节　耕地地力建设与土壤改良利用对策

一、耕地地力现状及特点

耕地质量包括耕地地力和土壤环境质量两个方面，此次调查与评价共涉及耕地土壤点位 3 900 个。经过历时 3 年的调查分析，基本查清了全县耕地地力现状与特点。

通过对静乐县土壤养分含量的分析得知：全县土壤以轻壤质土为主，有机质平均含量为 10.68 克/千克，属省四级水平；全氮平均含量为 0.59 克/千克，属省五级水平；有效磷含量平均值为 9.11 毫克/千克，属省五级水平；速效钾含量平均值为 118.37 毫克/千克，属省四级水平。中微量元素养分含量锌高，属省二级水平；铜、锰较高，属省四级水平；硫、铁元素养分含量属省五级水平；硼含量较低，属省六级水平。

（一）耕地土壤养分含量不断提高

从这次调查结果看，静乐县耕地土壤有机质含量为 10.68 克/千克，属省四级水平，与第二次土壤普查的 6.07 克/千克相比提高了 2.87 克/千克；全氮平均含量为 0.59 克/千克，属省五级水平，与第二次土壤普查的 0.50 克/千克相比提高了 0.26 克/千克；有效磷平均含量 9.11 毫克/千克，属省五级水平，与第二次土壤普查的 10.62 毫克/千克相比降低了 0.05 毫克/千克；速效钾平均含量为 118.37 毫克/千克，属省四级水平，与第二次土壤普查的平均含量 95 毫克/千克相比提高了 4.1 毫克/千克。中微量元素养分含量锌高，属省二级水平；铜、锰较高，属省四级水平；硫、铁元素养分含量属省五级水平；硼含量较低，属省六级水平。

（二）耕作历史悠久，土壤熟化度高

静乐县农业历史悠久，土质良好，大部分耕地质地为轻壤，加之多年的耕作培肥，土壤熟化程度高。据调查，有效土层厚度平均达 120 厘米以上，耕层厚度为 16～20 厘米，适种作物广，生产水平高。

二、存在的主要问题及原因分析

（一）中低产田面积较大

据调查，静乐县共有中低产田 70.09 万亩，占总耕地面积的 93.32%。按主导障碍因素，共分为坡地梯改型和瘠薄培肥型两大类型。其中，坡地梯改型 30.64 万亩，占耕地总面积的 40.80%；瘠薄培肥型 39.44 万亩，占耕地总面积的 52.52%。

中低产田面积大，其主要原因：一是自然条件恶劣，全县地形复杂，梁、峁、沟、壑俱全，水土流失严重；二是农田基本建设投入不足，中低产田改造措施不力；三是农民耕地施肥投入不足，尤其是有机肥施用量仍处于较低水平。

（二）耕地地力不足，耕地生产率低

静乐县耕地虽然经过山、水、田、林、路综合治理，农田生态环境不断改善，耕地单产、总产呈现上升趋势。但近年来，农业生产资料价格一再上涨，农业成本较高，甚至出现种粮赔本现象，大大挫伤了农民种粮的积极性。一些农民通过增施氮肥取得产量，耕作粗放，结果致使土壤结构变差，造成土壤养分恶性循环。

（三）施肥结构不合理

作物每年从土壤中带走大量养分，主要是通过施肥来补充，因此，施肥直接影响到土壤中各种养分的含量。近几年，施肥上存在的问题，突出表现在"五重五轻"。第一，重特色产业、轻普通作物。第二，重复混肥料、轻专用肥料，随着我国化肥市场的快速发展，复混（合）肥异军突起，其应用对土壤养分变化也有影响，许多复混（合）肥杂而不专，农民对其依赖性较大，而对于自己所种作物需什么肥料、土壤缺什么元素并不清楚，导致盲目施肥。第三，重化肥使用、轻有机肥使用，近些年来，农民将大部分有机肥施于菜田，特别是优质有机肥，而占很大比重的耕地有机肥却施用不足。第四，重氮磷肥、轻钾肥。第五，重大量元素肥、轻中微量元素肥。

三、耕地培肥与改良利用对策

(一) 多种渠道提高土壤有机质

1. 增施有机肥，提高土壤有机质 近几年，由于农家肥来源不足和化肥的发展，全县耕地有机肥施用量不够。可以通过以下措施加以解决。①广种饲草，增加畜禽，以牧养农。②大力种植绿肥。种植绿肥是培肥地力的有效措施，可以采用粮肥间作或轮作制度。③大力推广秸秆直接粉碎翻压还田，这是目前增加土壤有机质最有效的方法。

2. 合理轮作，挖掘土壤潜力 不同作物需求养分的种类和数量不同，根系深浅不同，吸收各层土壤养分的能力不同，各种作物遗留残体成分也有较大差异。因此，通过不同作物合理轮作倒茬，保障土壤养分平衡。要大力推广粮、油轮作，玉米、豆类立体间套作等技术模式，实现土壤养分协调利用。

(二) 巧施氮肥

速效性氮肥极易分解，通常施入土壤中的氮素化肥的利用率只有 25%～50%，或者更低。这说明施入土壤中的氮素，挥发渗漏损失严重。所以在施用氮肥时一定要注意施肥量、施肥方法和施肥时期，提高氮肥利用率，减少损失。

(三) 重施磷肥

静乐县地处黄土高原，属石灰性土壤，土壤中的磷常被固定，而不能发挥肥效。加上长期以来群众重氮轻磷，作物吸收的磷得不到及时补充。试验证明，在缺磷土壤上增施磷肥增产效果明显，配合增施人粪尿、畜禽肥等有机肥，其中的有机酸和腐殖酸可以促进非水溶性磷的溶解，提高磷素的活性。

(四) 因土施用钾肥

静乐县土壤中钾的含量虽然在短期内不会成为限制农业生产的主要因素，但随着农业生产进一步发展和作物产量的不断提高，土壤中有效钾的含量也会处于不足状态，所以在生产中，应定期监测土壤中钾的动态变化，及时补充钾素。

(五) 注重施用微肥

微量元素肥料，作物的需要量虽然很少，但对提高农产品产量和品质却有大量元素不可替代的作用。据调查，全县土壤硼、锌、钼等含量均不高，近年来谷子施硼、玉米施锌、马铃薯施钾试验，增产效果很明显。

(六) 因地制宜，改良中低产田

全县中低产田面积比例大，影响了耕地地力水平。因此，要从实际出发，分类配套改良技术措施，进一步提高全县耕地地力质量。

四、成果应用与典型事例

典型1：静乐县赤泥洼乡下双井村中低产田改造综合技术应用

赤泥洼乡下双井位于县城南部。全村 82 户，364 口人，总耕地 1 438 亩，全部为旱地，土壤为耕立黄土。主要以种植马铃薯、豆类、莜麦、胡麻为主。多年来，坚持不懈地进行中低产田改造，综合推广农业实用新技术，农业基础设施大大改善，耕地地力和农业综合生产能力明显提高，产量逐年增大，在干旱缺水的黄土丘陵地带，改良出了"千斤"田、"千元"田。

第一，把 1 000 余亩坡耕地改造成了高标准的水平梯田，变"三跑田"为"三保田"，并且高标准修筑土地埂。第二，实行机械深耕 30 厘米，增加耕作层厚度。第三，对新修梯田增施土壤改良剂（硫酸亚铁）每亩 50 千克。第四，每亩增施农家肥 1.5 吨。第五，每亩施用抗旱保水剂 1 千克。第六，增施精制有机肥每亩 100 千克。第七，实施测土配方施肥技术。第八，实施化肥深施技术，提高化肥利用率。2009—2011 年化验结果，全村耕地土壤有机质含量平均为 9.42 克/千克；全氮含量平均为 0.65 克/千克；有效磷含量平均为 6.74 毫克/千克；速效钾含量平均为 96 毫克/千克。均较 1983 年第二次土壤普查有所提高。2011 年马铃薯播种 350 亩，亩均产量 1 250 千克，亩产值 1 250 元；豆类种植 320 亩，亩均产量 85 千克，亩产值 340 元；莜麦种植 400 亩，亩均产量 80 千克，亩产值 240 元；胡麻种植 320 亩，亩均产量 75 千克，亩产值 300 元.

典型二：静乐县段家寨乡段家寨村设施农业生产技术应用

段家寨乡段家寨村位于县城西北 20 千米处，全村 302 户、1 100 人，耕地面积 2 800 亩（退耕还林 210 亩），人均耕地不足 3 亩，土壤为潮土，质地轻壤和中壤，肥力中等。土壤有机质平均含量为 10.3 克/千克，全氮平均含量为 0.87 克/千克，有效磷含量平均为 9.57 毫克/千克，速效钾平均值为 106.3 毫克/千克。作为静乐县发展"一村一品"的重点推进村，2007 年以来通过村企共建，段家寨围绕"发展一项新产业，培育一批新农民，建设一个新农村"的思路，重点调整种植结构，大力发展高效设施农业，是全县发展"一村一品"的典范，获得"设施农业先进村"称号。

该村立足"一村一品"产业规划，重点抓好高效设施农业示范园建设。2007 年通过村企共建在段家寨村建成占地面积 130 亩的 110 座日光温室蔬菜大棚，当年全部投入生产使用。日光温室的种植方式为一年两茬、循环种植，以果菜类品种为主，主要品种有：冀美之星（黄瓜）、春桃一号（小西红柿）、浙粉 202（大西红柿）、法国西芹、西葫芦、青椒、尖椒 10 余个品种，生长期 130 天左右（其中采收时间为 80～90 天），平均亩产 7 500 千克，销售价格 1～1.25 元/千克。预计，每座大棚（一年两茬）平均年创收 4.5 万元，仅此一项全年总收入达 495 万元以上，全村户均收入达到 1.64 万元，人均 4 500 元，占到年人均纯收入的 85%。

日光温室蔬菜大棚高效农业示范园的管理模式：依托段家寨蔬菜专业合作社，采取"合作社＋农户"的方式，高薪聘请偏关县专业技术员对农民常年进行技术指导，合作社统一采购农资、统一技术服务、统一渠道销售、统一市场价格、统一售后服务，风险共担，盈余共享。

在县、乡两级政府正确领导下，段家寨村"一村一品"建设各项工作有序开展，农村经济蒸蒸日上，农民生活安居乐业，一个依靠特色农业的现代化新农村已初具规模，成为静乐县农村的一颗璀璨明珠。

第三节　农业结构调整与适宜性种植

近些年来，静乐县农业的发展和产业结构调整工作取得了突出的成绩，但干旱胁迫严重、土壤肥力有所减退、抗灾能力薄弱、生产结构不良等问题，仍然十分严重。因此，为适应 21 世纪我国农业发展的需要，增强静乐县优势农产品参与国际市场竞争的能力，有必要进一步对全县的农业结构现状进行战略性调整，从而促进全县高效农业的发展，实现农民增收。

一、农业结构调整的原则

为适应我国社会主义农业现代化的需要，在调整种植业结构中，遵循下列原则：

一是与国际农产品市场接轨，以增强全县农产品在国际、国内经济贸易中的竞争力为原则。

二是以充分利用不同区域的生产条件、技术装备水平及经济基础条件，达到趋利避害、发挥优势的调整原则。

三是以充分利用耕地评价成果，正确处理作物与土壤、作物与作物间的合理调整为原则。

四是采用耕地资源信息管理系统，为区域结构调整的可行性提供宏观决策与技术服务的原则。

五是保持行政村界线的基本完整的原则。

根据以上原则，在今后一段时间内将紧紧围绕农业增效、农民增收这个目标，大力推进农业结构战略性调整，最终提升农产品的市场竞争力，促进农业生产向区域化、优质化、产业化发展。

二、农业结构调整的依据

通过本次对静乐县种植业布局现状的调查，综合验证，认识到目前的种植业布局还存在许多问题，需要在区域内部加大调整力度，进一步提高生产力和经济效益。

根据此次耕地质量的评价结果，安排全县种植业内部结构调整，应依据不同地貌类型耕地综合生产能力考虑，具体为：

一是按照不同地貌类型，因地制宜规划，在布局上做到宜农则农、宜林则林、宜牧则牧。

二是按照耕地地力评出1～5个等级标准，在各个地貌单元中所代表面积的数值衡量，以适宜作物发挥最大生产潜力来分布，做到高产高效作物分布在1～2级耕地为宜，中低产田应在改良中调整。

三、土壤适宜性及主要限制因素分析

静乐县土壤因成土母质不同，土壤质地也不一致，发育在黄土及黄土状母质上的土壤质地多是较轻而均匀的壤质土，心土及底土层为黏土。总的来说，全县的土壤大多为沙壤质地，沙黏含量比较适合，在农业上是一种质地理想的土壤，其性质兼有沙土和壤土之优点，而克服了沙土和黏土之缺点。它既有一定数量的大孔隙，还有较多的毛管孔隙，故通透性好，保水保肥性较强，耕性好，宜耕期长，好捉苗，发小苗又养老苗。

因此，综合以上土壤特性，静乐县土壤适宜性强，玉米、马铃薯、莜麦、糜谷等粮食作物及经济作物，如蔬菜、西瓜、苹果、葡萄、核桃、红枣、药材等都适宜在全县种植。

但种植业的布局除了受土壤质地作用外，还要受到地理位置、水分条件等自然因素和经济条件的限制。在山地、丘陵等地区，由于此地区沟壑纵横，土壤肥力较低，土壤较干旱，气候凉爽，农业经济条件也较为落后。因此，要在管理好现有耕地的基础上，将人力、资金和技术逐步转移到非耕地的开发上，大力发展林、牧业，建立农、林、牧结合的生态体系，使其成为林、牧产品的生产基地。在全县土壤肥力较高的区域，应充分利用地理、经济、技术优势，在不放松粮食生产的前提下，积极开展多种经营，实行粮、菜全面发展。

在种植业的布局中，必须充分考虑到各地的自然条件、经济条件，合理利用自然资源，对布局中遇到的各种限制因素，应考虑到它影响的范围和改造的可行性，合理布局生产，最大限度地、持久地发掘自然的生产潜力，做到地尽其力。

四、种植业布局分区建议

根据静乐县种植业结构调整的原则和依据，结合本次耕地地力调查与质量评价结果，将静乐县划分为三大优势产业区：平川区、丘陵区、土石山区。其中，平川区重点发展高效农业；丘陵区重点发展杂粮种植业。

（一）汾河川高效农业区

以汾河川的丰润镇、神峪沟乡、鹅城镇、段家寨乡为主建设玉米和张杂谷生产基地，种植面积稳定在5万亩。建设1~2个万亩玉米高产示范方，单产达到500千克/亩；建设3~5个千亩张杂谷示范方，亩产达到350千克。

1. 区域特点　本区地势平缓，土壤肥沃，农业生产条件优越，具有得天独厚的有利条件，历来是静乐县主要的产粮区。

2. 种植业发展方向　本区以高产粮田为发展方向，大力发展玉米、张杂谷等作物，按照市场需求和粮食加工业的要求，优化结构，合理布局，引进新优品种，建立无公害、绿色食品生产基地。

3. 主要保障措施

（1）加大土壤培肥力度，全面推广多种形式的秸秆还田技术，增施有机肥，以增加土壤有机质含量，改良土壤理化性状。

（2）注重作物合理轮作，坚决杜绝连茬多年的习惯。

（3）全力以赴搞好绿色、无公害、有机农产品基地建设，通过标准化建设、模式化管理、无害化生产技术应用，使基地取得明显的经济效益和社会效益。

（4）搞好测土配方施肥，增加微肥的施用。

（5）进一步抓好平田整地，建设"三保田"。

（6）积极推广旱作技术和高产综合配套技术，提高科技含量。

（二）瓜果蔬菜生产区

重点在沿汾河的丰润镇、神峪沟乡、鹅城镇、段家寨乡发展无公害大田蔬菜和设施蔬菜1万亩，年总产量达3 000万千克。在丰润镇、神峪沟乡建设经济林基地，主要发展以红枣、核桃为主的经济林，栽植面积稳定在1万亩以上，将亩产量提高到500千克以上，亩产值提高到5 000元以上。

1. 区域特点　本区土壤肥沃，交通便利，水源充足，历来是静乐县的蔬菜生产基地。段家寨、五家庄、张贵村、西大树等村近年来通过发展日光温室，每座日光温室年收入可达2万～2.5万元，是原来种植大田作物的40倍，这在静乐县农业发展史上具有里程碑的意义。丰润镇、神峪沟乡引进推广核桃、红枣等干鲜水果，经过多年发展，已初具规模。

2. 发展方向　坚持"以市场为导向、以效益为目标"的原则，主攻大田蔬菜、地膜蔬菜、设施反季节蔬菜和推进葡萄、红枣等干鲜水果生产。积极发展高效农业，建立无公害、绿色、有机蔬菜和干鲜果生产基地，培育扶持一批水果标准化高效生产示范园。

3. 主要保障措施

（1）良种良法配套，提高品质，增加产出，增加效益。

（2）增施有机肥料，有效提高土壤有机质含量。

（3）重点建好日光温室基地，发展无公害、绿色、有机果菜，提高市场竞争力。

（4）加强技术培训，提高农民素质。

（5）加强水利设施建设，一方面充分利用岚河水，千方百计扩大水浇地面积；另一方面增加深井，扩大水浇地面积。

（6）发展无公害、绿色、有机果品，形成规模，提高市场竞争力。

（7）大力推广沟灌、穴灌、现代微灌、测土配方施肥等技术，提高亩产。

（三）杂粮生产区

重点在各乡（镇）的丘陵区，发展优质特色小杂粮面积10万亩，年总产量达1 000万千克。

1. 区域特点　该区域昼夜温差大，小杂粮种植面积大，品质优良，享誉全县。

2. 发展方向　本区以特色小杂粮为发展方向，大力发展红芸豆、糜黍、蚕豆、绿豆、豇豆、莜麦等作物，按照市场需求和粮食加工业的要求，优化结构、合理布局，引进新优品种，建立无公害、绿色小杂粮生产基地。

3. 主要保障措施

（1）加大土壤培肥力度，增施有机肥，搞好测土配方施肥。

（2）注重作物合理轮作，抓好平田整地。

（3）搞好绿色、无公害、有机农产品基地建设，推广标准化、模式化、无害化生产标准，使基地取得明显的经济效益和社会效益。

（4）积极推广旱作技术和高产综合配套技术，提高科技含量。

五、农业远景发展规划

静乐县农业的发展，应进一步调整和优化农业结构，全面提高农产品品质和经济效益，建立和完善全县耕地质量信息管理系统，随时服务布局调整，从而有力促进全县农村经济的快速发展。现根据各地的自然生态条件、社会经济条件，特提出 2015 年远景发展规划如下。

一是全县粮食占有耕地 35 万亩，平均亩产 150 千克，总产量 5 000 万千克以上。

二是集中建立 3 万亩优质玉米生产基地，平均亩产 500 千克，总产量 1 500 万千克以上。

三是集中建立 15 万亩优质马铃薯、谷子、糜子、黍子、杂豆等杂粮生产基地。

四是实施无公害、绿色、有机农产品生产基地建设工程。即到 2015 年无公害、绿色、有机马铃薯、谷子、莜麦、糜子、黍子、蔬菜生产基地发展到 10 万亩；无公害、绿色、有机玉米生产基地发展到 2 万亩；共 12 万亩。到 2018 年无公害、绿色、有机农产品认证 25 个。

五是建立 1 000 亩日光温室、塑料大棚反季节设施蔬菜生产基地，总产值 2 千万元。

综上所述，面临的任务是艰巨的，困难是很大的，所以要下大力气克服困难，努力实现既定目标。

第四节　耕地质量管理对策

一、建立依法管理体制

耕地地力调查与质量评价成果为全县耕地质量管理提供了依据，为耕地质量管理决策的制订打下了基础，成为全县农业可持续发展的核心内容。

(一)工作思路

以发展优质、高产、高效、生态、安全农业为目标，以耕地质量动态监测管理为核心，以耕地地力改良利用为重点，满足人民日益增长的农产品需求。

(二)建立完善的行政管理机制

1. 制订总体规划　坚持"因地制宜、统筹兼顾，局部调整、挖掘潜力"的原则，制订全县耕地地力建设与土壤改良利用总体规划。实行耕地用养结合，划定中低产田改良利用范围和重点，分区制订改良措施，严格统一组织实施。

2. 建立依法保障体系　制订并颁布《静乐县耕地质量管理办法》，设立专门监测管理机构，县、乡、村三级设定专人监督指导，分区布点，建立监控档案，依法检查污染区域项目治理工作，确保工作高效到位。

3. 加大资金投入　县政府要加大资金支持力度，县财政每年从农发资金中列支专项资金，用于全县中低产田改造和耕地污染区域综合治理，建立财政支持下的耕地质量信息网络，推进工作有效开展。

（三）强化耕地质量技术实施

1. 提高土壤肥力 组织县、乡农业技术人员实地指导，组织农户合理轮作，平衡施肥，安全施药、施肥，推广秸秆还田、种植绿肥、施用生物菌肥，多种途径提高土壤肥力，降低土壤污染，提高土壤质量。

2. 改良中低产田 实行分区改良、重点突破。灌溉改良区重点抓好灌溉配套设施的改造、节水浇灌、挖潜增灌、扩大浇水面积。丘陵、山区中低产田要广辟肥源，深耕保墒，轮作倒茬，粮草间作，扩大植被覆盖率，修整梯田，达到增产、增效的目标。

二、建立和完善耕地质量监测网络

随着静乐县工业化进程的不断加快，工业污染日益严重，在重点工业生产区域建立耕地质量监测网络已迫在眉睫。

1. 设立组织机构 耕地质量监测网络建设，涉及环保、土地、水利、经贸、农业等多个部门，需要县政府协调支持，成立依法行政管理机构。

2. 配置监测机构 由县政府牵头，各职能部门参与，组建静乐县耕地质量监测领导组，在县环保局下设办公室，设定专职领导与工作人员，建立企业治污工程体系，制订工作细则和工作制度，强化监测手段，提高行政监测效能。

3. 加大宣传力度 采取多种途径和手段，加大《中华人民共和国环境保护法》宣传力度，在重点排污企业及周围乡村印刷宣传广告，大力宣传环境保护政策及科普知识。

4. 建立监测网络 在全县依据此次耕地质量调查评价结果，划定安全、非污染、轻污染、中度污染、重污染五大区域，每个区域确定 10～20 个点，定人、定时、定点取样监测检验，填写污染情况登记表，建立耕地质量监测档案。对污染区域的污染源，要查清原因，由县耕地质量监测机构依据检测结果，强制污染企业限期限时达标治理。对未能限期达标企业，一律实行关停整改，达标后方可生产。

5. 加强农业执法管理 由县农业、环保、质检行政部门组成联合执法队伍，宣传农业法律知识，对市场化肥、农药实行统一监控、统一发布，将假冒农用物资一律依法查封销毁。

6. 改进治污技术 对不同污染企业采取烟尘、污水、污渣分类科学处理转化。对工业污染河道及周围农田，采取有效物理、化学降解技术，降解汞、镍及其他金属污染物，并在河道两岸栽植花草、林木，净化河水，美化环境。对化肥、农药污染农田，要划区治理，积极利用农业科研成果，组成科技攻关组，引进降解试剂，逐步消解污染物。

7. 推广农业综合治理技术 在增施有机肥降解大田农药、化肥及垃圾废弃物污染的同时，积极宣传推广微生物菌肥，以改善土壤的理化性状，改变土壤溶液酸碱度，改善土壤团粒结构，减轻土壤板结，提高土壤保水、保肥性能。

三、农业税费政策与耕地质量管理

目前，农业税费的改革政策必将极大调动农民的生产积极性，成为耕地质量恢复与提高的内在动力，对全县耕地质量的提高具有以下几个作用。

1. 加大耕地投入，提高土壤肥力　目前，静乐县丘陵面积大，中低产田分布区域广，粮食生产能力较低。税费改革政策的落实有利于提高单位面积耕地养分投入水平，逐步改善土壤养分含量，改善土壤理化性状，提高土壤肥力，保障粮食产量恢复性增长。

2. 改进农业耕作技术，提高土壤生产性能　农民积极性的调动，成为耕地质量提高的内在动力，将促进农民平田整地、耙耱保墒，加强耕地机械化管理，缩减中低产田面积，提高耕地地力等级水平。

3. 采用先进农业技术，增加农业比较效益　采取有机旱作农业技术，合理优化适栽技术，加强田间管理，节本增效，提高农业比较效益。

农民以田为本、以田谋生，农业税费政策出台以后，土地属性发生变化，农民由有偿支配变为无偿使用，耕地成为农民家庭财富一部分，对农民增收和国家经济发展将起到积极的推动作用。

四、扩大无公害、绿色、有机农产品生产规模

在国际农产品质量标准市场一体化的形势下，扩大全县无公害、绿色、有机农产品生产规模成为满足社会消费需求和农民增收的关键。

（一）理论依据

综合本次评价结果，耕地无污染、果园无污染，适宜生产无公害、绿色、有机农产品，适宜发展绿色农业。

（二）扩大生产规模

在静乐县实施无公害、绿色、有机农产品生产基地建设工程。到 2015 年，在全县发展无公害、绿色、有机马铃薯、谷子、糜子、黍子、蔬菜生产基地发展到 10 万亩；无公害、绿色、有机玉米生产基地发展到 2 万亩；共 12 万亩。到 2018 年无公害、绿色、有机农产品认证 25 个。

（三）配套管理措施

1. 建立组织保障体系　成立静乐县无公害农产品生产领导组，下设办公室，地点在县农业委员会。组织实施项目列入县政府工作计划，单列工作经费，由县财政负责执行。

2. 加强质量检测体系建设　成立县级无公害、绿色、有机农产品质量检验技术领导组，下设县、乡两级监测检验网点，配备设备及人员，制订工作流程，强化监测检验手段，提高监测检验质量，及时指导生产基地技术推广工作。

3. 制订技术规程　组织技术人员制订全县无公害农产品生产技术操作规程，重点抓好平衡施肥，合理施用农药，细化技术环节，实现标准化生产。

4. 打造品牌　重点打造好无公害、绿色、有机红芸豆、玉米、谷子、马铃薯、蔬菜等品牌农产品的生产经营。

五、加强农业综合技术培训

自 20 世纪 80 年代起，静乐县就建立起县、乡、村三级农业技术推广网络。由县农业

技术推广中心牵头，搞好技术项目的组织与实施，负责划区技术指导。行政村配备 1 名科技副村长，在全县设立农业科技示范户。先后开展了玉米、马铃薯、胡麻、谷子等作物优质高产高效生产技术培训，推广了旱作农业、生物覆盖、地膜覆盖、"双千创优"工程及设施蔬菜"四位一体"综合配套技术。

现阶段，静乐县农业综合技术培训工作一直保持领先，有机旱作、测土配方施肥、节水灌溉、生态沼气、无公害蔬菜生产技术推广已取得明显成效。要充分利用这次耕地地力调查与质量评价，主抓以下几方面技术培训：①宣传加强农业结构调整与耕地资源有效利用的目的及意义。②全县中低产田改造和土壤改良相关技术推广。③耕地地力环境质量建设与配套技术推广。④有机、绿色、无公害农产品生产技术操作规程。⑤农药、化肥安全施用技术培训。⑥农业环境保护相关法律、法规的宣传培训。

通过技术培训，使静乐县农民掌握必要的知识与生产实用技术，推动耕地地力建设，提高农业生态环境、耕地质量环境的保护意识，发挥主观能动性，不断提高全县耕地地力水平，以满足日益增长的人口和物资生活需求，为全面建设小康社会打好农业发展基础平台。

第五节　耕地资源信息管理系统的应用

耕地资源信息管理系统以一个县行政区域内的耕地资源为管理对象，应用 GIS 技术，对辖区内的地形、地貌、土壤、土地利用、农田水利、土壤污染、农业生产基本情况、基本农田保护区等资料进行统一管理，构建耕地资源基础信息系统，并将其数据平台与各类管理模型结合，对辖区内的耕地资源进行系统的动态管理，为农业决策、农民和农业技术人员提供耕地质量动态变化规律、土壤适宜性、施肥咨询、作物营养诊断等多方位的信息服务。

本系统行政单元为村，农业单元为基本农田保护块，土壤单元为土种，系统基本管理单元为土壤、基本农田保护块、土地利用现状图叠加所形成的评价单元。

一、领导决策依据

这次耕地地力调查与质量评价直接涉及耕地自然要素、环境要素、社会要素及经济要素 4 个方面，为耕地资源信息管理系统的建立与应用提供了依据。通过全县生产潜力评价、适宜性评价、土壤养分评价、科学施肥、经济性评价、地力评价及产量预测，及时指导农业生产与发展，为农业技术推广应用做好信息发布，为用户需求分析及信息反馈打好基础。主要依据：一是全县耕地地力水平和生产潜力评估为农业远期规划和全面建设小康社会提供了保障。二是耕地质量综合评价，为领导提供了耕地保护和污染修复的基本思路，为建立和完善耕地质量检测网络提供了方向。三是耕地土壤适宜性及主要限制因素分析为全县农业结构调整提供了依据。

二、动态资料更新

这次静乐县耕地地力调查与质量评价中，耕地土壤生产性能主要包括地形部位、土体构型、较稳定的物理性状、易变化的化学性状、农田基础建设 5 个方面。耕地地力评价标准体系与 1983 年土壤普查技术标准出现部分变化，耕地要素中基础数据有大量变化，为动态资料更新提供了新要求。

（一）耕地地力动态资源内容更新

1. 评价技术体系有较大变化 这次调查与评价主要运用了"3S"评价技术。在技术方法上，采用了文字评述法、专家经验法、模糊综合评价法、层次分析法、指数和法。在技术流程上，应用了叠加法确定评价单元，空间数据与属性数据相连接。采用德尔菲法和模糊综合评价法，确定评价指标。应用层次分析法确定各评价因子的组合权重，用数据标准化计算各评价因子的隶属函数，并将数值进行标准化。应用累加法计算每个评价单元的耕地地力综合评价指数，分析综合地力指数，分别划分地力等级，将评价的地方等级归入农业部地力等级体系。采取 GIS、GPS 系统编绘各种养分图和地力等级图等图件。

2. 评价内容有较大变化 除原有地形部位、土体构型等基础耕地地力要素相对稳定以外，土壤物理性状、易变化的化学性状、农田基础建设等要素变化较大，尤其是土壤容重、有机质、pH、有效磷、速效钾指数变化明显。

（二）动态资料更新措施

结合这次耕地地力调查与质量评价，静乐县及时成立技术指导组，确定专门技术人员，从土样采集、化验分析、数据资料整理编辑，计算机网络连接畅通，保证了动态资料更新及时、准确，提高了工作效率和质量。

三、耕地资源合理配置

（一）目的意义

多年来，静乐县耕地资源盲目利用、低效开发、重复建设情况十分严重。随着农业经济发展方向的不断延伸，农业结构调整缺乏借鉴技术和理论依据。这次耕地地力调查与质量评价成果对指导全县耕地资源合理配置，逐步优化耕地利用质量水平，提高土地生产性能和产量水平具有现实意义。

静乐县耕地资源合理配置思路是：以确保粮食生产安全为前提，以耕地地力质量评价成果为依据，以统筹协调发展为目标，用养结合、因地制宜、内部挖掘，发挥耕地最大生产效益。

（二）主要措施

1. 加强组织管理，建立健全工作机制 县政府要组建耕地资源合理配置协调管理工作体系，由农业、土地、环保、水利、林业等职能部门分工负责、密切配合、协同作战。技术部门要抓好技术方案制订和技术宣传培训工作。

2. 加强农田环境质量检测 抓好布局规划，将企业列入耕地质量检测范围，企业要加大资金投入和技术改造力度，降低"三废"对周围耕地的污染，因地制宜大力发展有机、绿色、无公害农产品优势生产基地。

3. 加强耕地保养利用，提高耕地生产能力 依照耕地地力等级划分标准，划定全县耕地地力分布界限。推广平衡施肥技术，加强农田水利基础设施建设，平田整地，淤地打坝，改良中低产田。植树造林，扩大植被覆盖面，防止水土流失，提高梯（园）田化水平。采用机械耕作，加深耕层，熟化土壤，改善土壤理化性状，提高土壤保水保肥能力。划区制订技术改良方案，将全县耕地地力水平分级划分到村、到户，建立耕地改良档案，定期定人检查验收。

4. 重视粮食生产安全，加强耕地利用和保护管理 根据全县农业发展远景规划目标，要十分重视耕地利用保护与粮食生产之间的关系。人口不断增长、耕地逐步减少，要解决好建设与吃饭的关系，合理利用耕地资源，实现耕地总面积动态平衡，解决人口增长与耕地之间的矛盾，实现农业经济和社会可持续发展。

总之，耕地资源配置，主要是各土地利用类型在空间上的整体布局；另一层含义是指同一土地利用类型在某一地域中是分散配置还是集中配置。耕地资源的空间分布结构折射出其地域特征，而合理的空间分布结构可在一定程度上反映自然生态和社会经济系统间的协调程度。耕地的配置方式，对耕地产出效益的影响截然不同。经过合理配置，农村耕地相对规模集中，既利于农业管理，又利于减少投工投资，耕地的利用率将有较大提高。

具体措施：一是严格执行《基本农田保护条例》，增加土地投入，大力改造中低产田，使农田数量与质量稳步提高。二是园地面积要适当调整，淘汰劣质果园，发展优质果品生产基地。三是林草地面积适量增长，加大"四荒"（荒山、荒坡、荒沟、荒滩）拍卖开发力度，种草植树，力争森林覆盖率达到30%，牧草面积占到耕地面积的2%以上。四是搞好河道、滩涂地有效开发，增加可利用耕地面积。五是加大小流域综合治理力度，在搞好耕地整治规划的同时，治山治坡、改土造田，基本农田建设与农业综合开发结合进行。六是要采取措施，严控企业占地，严控农村宅基地占用一级、二级耕地，加大废旧砖窑和农村废弃宅基地的返田改造，盘活耕地存量，"开源"与"节流"并举。七是加快耕地使用制度改革，实行耕地使用证发放制度，促进耕地资源的有效利用。

四、土、肥、水、热资源管理

（一）基本状况

耕地自然资源包括土、肥、水、热资源。它是在一定的自然和农业经济条件下逐渐形成的，其利用及变化均受到自然、社会、经济、技术条件的影响和制约。自然条件是耕地利用的基本要素。热量与降水是气候条件最活跃的因素，对耕地资源的影响较为深刻，不仅影响耕地资源类型的形成，更重要的是直接影响耕地的开发程度、利用方式、作物种植、耕作制度等方面，土壤肥力则是耕地地力与质量水平基础的反映。

1. 光热资源 静乐县属暖温带大陆性季风气候，四季分明，冬季寒冷干燥，夏季炎热多雨。据2008年气象资料，年平均气温7.6℃，7月最热，平均气温达21.6℃，极端最高气温达32.3℃；1月最冷，平均气温−9.4℃，极端最低气温−26.4℃。县域热量资源丰富，大于0℃以上的积温2 940℃。年平均日照时数为2 800小时，无霜期为110～130天。

2. 降水与水文资源 静乐县历年平均降水量420～704毫米，从西南向东北随着海拔高度的增加而逐渐增大，一般山区大于平川，尤以7～8月为降水最高峰且多暴雨，全县历年平均蒸发量 1 951.8 毫米，最多年可达 1 927.4 毫米，最少年也有 1 194.11 毫米，远远大于降水量，因此干旱是静乐县农业生产的主要灾害。

地表水：从静乐县的整个地形和海拔来看，全县是一个由东北向西南倾斜的土石山区丘陵区，其降水的分布受地形的影响较大。山区多于平川，尤其是高山地区降水量最多，因降水日数不多，故地表径流不充分，年径流深度不大，地下水储量丰富，多分布在沿河两岸及小河谷中。据计算，仅距地表 30 米以内的储存量可达 2 亿立方米。但由于地质构造、地形复杂，水源和地面水流量分布很不平衡。

静乐县境内除汾河以外共有 7 条主要河流，均属树枝状水系，东碾河、西碾河、双路河、岔上河、万辉河、扶头会河、鸣河。它们几乎贯穿于整个县境，除汾河、扶头会河以外，其他河流均发源于全县东西两山，均属常流河，在县境内汇入汾河。

地下水：地下水的流向主要是由东北向西南而流，地形受海拔高度的影响而埋深不一，由西南向东北逐渐加深，最浅处丰润镇一带，仅 1 米左右；最深处（不包括山区）达几十米，由于埋深不一，故而对土壤的影响也各不相同。在汾河的河漫滩，一级阶地上土壤受地下水的影响大，具备了草甸化过程，形成了草甸土。在埋深较浅的地段矿化度大、排水不畅，形成了各种盐化土壤。二级阶地水位向下移动，土壤呈干旱型，形成了淡褐土。海拔进一步升高，地下水埋深在几十米，土壤不受地下水影响，形成了褐土性土和山地褐土土壤。

3. 土壤肥力水平 静乐县耕地地力平均水平较低，依据《山西省中低产田类型划分与改良技术规程》，分析评价单元耕地土壤主要障碍因素，将全县耕地地力等级的 3～6 级归并为 2 个中低产田类型，总面积 70.0 万亩，占总耕地面积的 93.32%，主要分布于丘陵地区和土石山区。全县耕地土壤类型为：棕壤、潮土、褐土和粗骨土四个大类，其中褐土分布面积较广，约占 87.5%，潮土占总面积的 3.2%，棕壤占总面积的 0.9%，粗骨土占总面积的 8.4%。全县土壤质地较好，主要分为沙壤、轻壤、中壤 3 种类型。其中，轻壤质土约占 60.74%，沙壤约占 39.18%。土壤 pH 为 7～8.8，平均值为 8.17，耕地土壤容重范围为 1.15～1.33 克/立方厘米，平均值为 1.24 克/立方厘米。

（二）管理措施

在静乐县建立土壤、肥力、水、热资源数据库，依照不同区域土、肥、水、热状况，分类分区划定区域，设立监控点位，定人、定期填写检测结果，编制档案资料，形成有连续性的综合数据资料，有利于指导全县耕地地力恢复性建设。

五、科学施肥体系与灌溉制度的建立

（一）科学施肥体系建立

静乐县平衡施肥工作起步较早，最早始于 20 世纪 70 年代末定性的氮磷配合施肥；80年代初为半定量的初级配方施肥；90 年代以来，有步骤定期开展土壤肥力测定，逐步建立了适合全县不同作物、不同土壤类型的施肥模式。在施肥技术上，提倡"增施有机肥，稳施氮肥，增施磷肥，补施钾肥，配施微肥和生物菌肥"。

据静乐县耕地地力调查结果看，全县耕地土壤有机质含量为 10.68 克/千克，属省四级水平，与第二次土壤普查的 6.07 克/千克相比提高了 2.87 克/千克；全氮平均含量为 0.59 克/千克，属省五级水平，与第二次土壤普查的 0.50 克/千克相比提高了 0.26 克/千克；有效磷平均含量 9.11 毫克/千克，属省五级水平，与第二次土壤普查的 10.62 毫克/千克相比降低了 0.05 毫克/千克；速效钾平均含量为 118.366 毫克/千克，属省四级水平，与第二次土壤普查的平均含量 95 毫克/千克相比提高了 4.1 毫克/千克。中微量元素养分含量锌较高，属省二级水平；铜、锰较高，属省四级水平；硫、铁元素养分含量属省五级水平；硼含量较低，属省六级水平。

1. 调整施肥思路　以节本增效为目标，立足抗旱栽培，着力提高肥料利用率，采取"巧氮、增磷、补钾、配微"的原则，坚持有机肥与无机肥相结合，合理调整养分比例，按耕地地力与作物类型分期施肥、科学施用。

2. 施肥方法

（1）因土施肥：不同土壤类型保肥、供肥性能不同。对全县黄土丘陵区旱地，土壤的土体构型为通体型，一般将肥料作基肥和追肥两次施用效果最好。

（2）因品种施肥：肥料品种不同，施肥方法也不同。对碳酸氢铵等易挥发性化肥，必须集中深施覆土，施肥深度一般为 10～20 厘米；硝态氮肥易流失，宜作追肥，不宜大水漫灌；尿素为高浓度中性肥料，作底肥和叶面喷施效果最好，在旱地做基肥集中条施；磷肥易被土壤固定，要与农家肥混合堆沤后施用，常作基肥和种肥，要集中沟施，且忌撒施土壤表面。

（3）因苗施肥：对基肥充足，作物生长旺盛的田块，要少量控制氮肥，少追或推迟追肥时期；对基肥不足，作物生长缓慢的田块，要施足基肥，多追或早追氮肥；对后期生长旺盛的田块，要控氮补磷施钾。

3. 选定施用时期　因作物选定施肥时期。马铃薯追肥宜选在开花前；玉米追肥宜选在拔节期和大喇叭口期，同时可采用叶面喷施锌肥；糜谷追肥宜选在拔节期，叶面喷肥宜选在孕穗期。喷肥时间选择要看天气，要选无风、晴朗的天气喷肥，早上 8～9 点以前或下午 16 点以后喷施。

4. 选择适宜的肥料品种和合理的施用量　在品种选择上，增施有机肥、高温堆沤积肥、生物菌肥；严格控制硝态氮肥施用，忌在忌氯作物上施用氯化钾，提倡施用硫酸钾肥，补施铁肥、锌肥、硼肥等微量元素化肥。在化肥用量上，要坚持无害化施用原则，一般菜田，亩施腐熟农家肥 3 000～5 000 千克、尿素 25～30 千克、磷肥 40 千克、钾肥 10～15 千克。日光温室以番茄为例，一般亩产 6 000 千克，亩施有机肥 4 500 千克、氮肥（N）25 千克、磷（P_2O_5）23 千克、钾肥（K_2O）16 千克，配施适量硼、锌、铁、锰、钼等微量元素肥。

（二）灌溉制度的建立

静乐县为贫水县之一，主要采取抗旱节水灌溉为主。

1. 旱地区集雨灌溉模式　主要采用有机旱作技术模式，深翻耕作，加深耕层，平田整地，提高梯（园）田化水平，地膜覆盖，垄际集雨纳墒，秸秆覆盖，蓄水保墒，高灌引水，旱井集雨、节水管灌等配套技术措施，提高旱地农田水分利用率。

2. 扩大井水灌溉面积　水源条件较好的旱地，打井修渠，利用分畦浇灌或管道渗灌、喷灌，节约用水，保障作物生育期浇一次透水。平川井灌区要整修管道，按作物需水高峰期浇灌，全生育期保证浇水 2～3 次，满足作物生长需求，忌大水漫灌。

（三）体制建设

在静乐县建立科学施肥与灌溉制度，农业、技术部门要严格细化相关施肥技术方案，积极宣传和指导。水利部门要抓好淤地打坝、井灌配套等基本农田水利设施建设，提高灌溉能力。林业部门要加大荒山、荒坡植树造林、绿化环境，改善气候条件，提高年际降水量。农业环保部门要加强基本农田及水污染的综合治理，改善耕地环境质量和灌溉水质量。

六、信息发布与咨询

耕地地力与质量信息发布与咨询，直接关系到耕地地力水平的提高，关系到农业结构调整与农民增收目标的实现。

（一）体系建立

以县农业技术部门为依托，在省、市农业技术部门的支持下，建立耕地地力与质量信息发布咨询服务体系，建立相关数据资料展览室，将全县土壤、土地利用、农田水利、土壤污染、基本农田保护区等相关信息融入计算机网络之中。充分利用县、乡两级农业信息服务网络，对辖区内的耕地资源进行系统的动态管理，为农业生产和结构调整做好耕地质量动态变化、土壤适宜性、施肥咨询、作物营养诊断等多方位的信息服务。在乡、村建立专门试验示范生产区，专业技术人员要做好协助指导管理，为农户提供技术、市场、物资供求的信息，定期记录监测数据，实现规范化管理。

（二）信息发布与咨询服务

1. 农业信息发布与咨询　重点抓好粮食、蔬菜、水果、中药材等适栽品种供求动态、适栽管理技术、无公害农产品化肥和农药科学施用技术、农田环境质量技术标准的入户宣传，编制通俗易懂的文字、图片发放到每家农户。

2. 开辟空中课堂抓宣传　充分利用覆盖全县的电视传媒信号，定期做好专题资料宣传，并设立信息咨询服务电话热线，及时解答和解决农民提出的各种疑难问题。

3. 组建农业耕地环境质量服务组织　在全县乡、村选拔科技骨干及科技副村长，统一组织耕地地力与质量建设技术培训，组成农业耕地地力与质量管理服务队，建立奖罚机制，鼓励他们谏言献策，提供耕地地力与质量建设方面的信息和技术思路，服务于全县农业发展。

4. 建立、完善执法管理机构　成立由县土地、环保、农业等行政部门组成的综合行政执法决策机构，加强对全县农业环境的执法保护。开展农资市场打假，依法保护利用土地，监控企业污染，净化农业发展环境。同时配合宣传相关法律、法规，让群众家喻户晓，自觉接受社会监督。

图书在版编目（CIP）数据

静乐县耕地地力评价与利用/李耿天主编 . —北京：
中国农业出版社，2016.3
ISBN 978-7-109-21452-1

Ⅰ.①静… Ⅱ.①李… Ⅲ.①耕作土壤－土壤肥力－
土壤调查－静乐县②耕作土壤－土壤评价－静乐县 Ⅳ.
①S159.225.4②S158

中国版本图书馆 CIP 数据核字（2016）第 025858 号

中国农业出版社出版
（北京市朝阳区麦子店街 18 号楼）
（邮政编码 100125）
责任编辑 杨桂华

中国农业出版社印刷厂印刷 新华书店北京发行所发行
2016 年 3 月第 1 版 2016 年 3 月北京第 1 次印刷

开本：787mm×1092mm 1/16 印张：8.25 插页：1
字数：200 千字
定价：80.00 元
（凡本版图书出现印刷、装订错误，请向出版社发行部调换）